川西北高寒草地沙化
对地表植被和土壤有机碳氮影响的研究

◎ 胡玉福　主编

中国农业科学技术出版社

图书在版编目（CIP）数据

川西北高寒草地沙化对地表植被和土壤有机碳氮影响的研究 /
胡玉福主编 . --北京：中国农业科学技术出版社，2022.5
ISBN 978-7-5116-5737-4

Ⅰ.①川… Ⅱ.①胡… Ⅲ.①草地-沙漠化-影响-地面植被-
研究-川西地区②草地-沙漠化-影响-土壤有机质-研究-川西地区
Ⅳ.①S812.29②Q948.15③S153.6

中国版本图书馆 CIP 数据核字（2022）第 066171 号

责任编辑	贺可香
责任校对	贾海霞
责任印制	姜义伟　王思文

出 版 者	中国农业科学技术出版社
	北京市中关村南大街 12 号　邮编：100081
电　　话	（010）82106638（编辑室）　　（010）82109702（发行部）
	（010）82109709（读者服务部）
网　　址	http：//www. castp. cn
经 销 者	各地新华书店
印 刷 者	北京建宏印刷有限公司
开　　本	170 mm×240 mm　1/16
印　　张	10
字　　数	210 千字
版　　次	2022 年 5 月第 1 版　2022 年 5 月第 1 次印刷
定　　价	68.00 元

《川西北高寒草地沙化对地表植被和土壤有机碳氮影响的研究》

编 委 会

主　　编：胡玉福

副 主 编：肖海华　彭晓倩

编写人员：舒向阳　蒋双龙　杨乃瑞　李　杰
　　　　　邓欧平　周　伟　黄成毅　费建波
　　　　　曾　建　张艳艳　何　佳　刘　强
　　　　　王　纬　陈　港　姜　岩　卢建开
　　　　　杨雨山

前　言

　　荒漠化是在极端干旱、干旱与半干旱和部分半湿润地区的沙质地表条件下，由于自然因素或人为活动的影响，出现了以风沙活动为主要标志，并逐步形成风蚀、风积地貌结构景观的土地退化过程。荒漠化是当前人类社会面临的重大挑战，不仅严重威胁全球生态环境安全，还对社会经济有重大影响，全世界近1/5的人口、近1/3的陆地受到沙漠化的影响。而沙漠化又是荒漠化最主要的类型，也是危害最大的一种荒漠化类型，我国是受到沙漠化影响最严重的国家之一。据第五次全国荒漠化和沙化监测结果数据，截至2014年，全国荒漠化土地总面积26 115.93万 hm²，占国土总面积的27.20%，近4亿人口受到荒漠化的影响。中国、美国、加拿大国际合作项目研究表明，中国因荒漠化造成的直接经济损失约为541亿人民币。

　　青藏高原被誉为世界"第三极"，平均海拔高度在4 000 m以上，面积广阔，地势高耸，气候寒冷、干旱，生态环境脆弱。近几十年来，在全球气候变化和人类活动的共同影响下，青藏高原沙漠化的土地面积呈增加的趋势。川西北高原地处世界"第三极"——青藏高原的东缘半湿润地区，是我国最重要的畜牧业基地之一，也是我国长江、黄河两大水系的重要水源涵养区，还是全球最大的高原泥炭沼泽湿地和我国生物多样性关键地区之一，其生态环境地位极为重要。该区平均海拔高度为3 000~4 000 m，近年来受全球气候变化、风蚀、开沟排水、过度放牧、鼠害等自然和人为因素的影响，高寒草地退化严重，局部区域成片草地沙化，并呈现出逐步蔓延的趋势，严重威胁着区域乃至全国生态环境安全和社会经济可持续发展。但长期以来，我国针对沙漠化问题的研究主要集中在北方的干旱和半干旱区域，而对南方高寒半湿润区草地沙漠化问题的关注和研究较少，其相关基础研究还比较欠缺和薄弱，尚缺乏综合性、长期性、系统性的观测与研究，高寒草地沙化的生态环境效应及其机制尚不清楚。

　　因此，在国家科技支撑计划项目（2015BAC05B01、2015BAC05B02）和国家自然科学基金委员会面上项目（41771552）的资助下，编者借助遥感技术对川西北高寒草地沙化的时空分布特征进行了系统研究，通过野外勘查、样品采集与分析化验，采取空间代替时间的方法对川西北高寒草原不同程度沙化草地地表植被群落结构、土壤理化性质、土壤有机碳氮及其组分、微生物群落结构和多样性等进行了长期观测和研究，探讨了高寒草地沙化的生态环境效益及机制，以期为高寒沙化草地的修复治理提供科学依据。本书是基于以上课题和相关研究成果的系统总结。

　　本书编写过程力求数据准确可靠，分析深入浅出，但鉴于水平有限，书中难免有不足之处，望读者批评指正。

编　者

2021 年 11 月 18 日

目　　录

第一章 绪 论

川西北高寒草地地处青藏高原东部高寒半湿润地区,该区不仅是长江和黄河流域上游重要的水源补给生态功能区,更是国家青藏高原生态屏障的重要组成部分,也是全球最大的高原泥炭沼泽湿地和我国生物多样性关键地区之一,其生态环境位置极其重要。但长期以来受全球气候变化、风蚀、开沟排水、过度放牧、鼠害等自然和人为因素的影响,该区高寒草地退化严重,局部区域沙化问题突出,对我国的生态环境安全和畜牧业生产可持续发展构成了严重威胁。目前,土地沙漠化问题研究的重点和热点多集中于干旱和半干旱区,而对高寒半湿润区草地沙化问题的关注和研究相对较少。陆地生态系统有机碳库是全球碳库最为关键的组成部分,其在全球碳循环与气候变化中起到至关重要作用。土壤氮素对土壤的物理、化学、生态性状和土壤肥力等具有重要作用,是植物生长发育的必需元素。研究高寒草地沙化过程中土壤有机碳及氮素的变化特征,及其与地表植被群落及微生物群落结构的内在联系,对于揭示高寒草地生态系统沙化机制,以及高寒草地沙化过程中生态系统生源要素的变化规律具有重要意义。

第一节 川西北区域特征

一、地理位置

川西北高原位于青藏高原东缘,包括四川省甘孜藏族自治州和阿坝藏族羌族自治州,以及凉山彝族自治州的一部分,面积约为 $2.55×10^5$ km^2,是我国第一级阶梯向第二级阶梯的过渡区。川西北高原区东邻雅砻江—长江水系,北望陇中黄土高原,东南部与四川盆地相接,地势西高东低,是四川省地势最高的地区。区域内大小河流交织,是长江、黄河上游重要的水源涵养区,也被誉为四川盆地的"水塔"。分布在若尔盖、红原与阿坝一带的高原沼泽是我国南方地区最大的沼泽带,也是全球最大的高原泥炭沼泽湿地。

— 1 —

二、地质和地形地貌

川西北属青藏高原东部横断山区强烈侵蚀切割的高山峡谷向高原地貌的过渡地段，域内地貌类型主要有高山峡谷、丘陵山地、草甸平原等。北部与陇中地块、东南与四川台向斜及康滇台背斜相邻，发育有 3 个褶皱带，包括西秦岭褶皱带、龙门山褶皱带和甘孜阿坝褶皱带。西秦岭褶皱带古生代地层褶皱剧烈，走向逆断层发育，白龙江两岸断层延伸至百里（1 里＝500m）。龙门山褶皱带的走向断层和横断层发育造就了沿北东方向断裂发育的岷江河谷。甘孜阿坝褶皱带含有广泛三叠系厚达数千米的黑色岩系，上部碎屑岩中产有植物化石和瓣鳃类化石，下部为复理石和类复理石构造。区域内东北部地势平坦，气候寒冷湿润，出现泥炭层发育现象，形成了广阔的沼泽湿地景观。

川西北高原，平均海拔为 3 000~4 000 m，是四川省地势最高的地区。地表切割浅，除东南部相对高差 500 m，地貌上属山原外，其他地区均属丘原，高差一般为 100~200 m，山矮丘缓，丘坡的坡度多为 5°~20°，为青藏高原东南边缘部分（赵永辉等，2012）。谷地宽展，阶地广布，并有沼泽发育，以东北部的若尔盖地区沼泽面积最大。川西山地西北高、东南低。根据切割深浅可分为高山原和高山峡谷区，主要山脉有岷山、巴颜喀拉山、牟尼芒起山、大雪山、雀儿山、沙鲁里山。大雪山主峰贡嘎山海拔 7 556 m，它不仅是四川第一高峰，也是世界著名高峰（图1-1）。

图1-1 川西北典型地形地貌

三、气候特征

川西北气温和降水分布的空间异质性明显，均呈西低东高、北低南高的空间分布格局。多年平均气温为-2~14 ℃，多年平均降水量为 500~1 100 mm；域内干湿分明，冬长夏短，光照充足，雨热同期，昼夜温差大，极端低温可至-20 ℃以下，有四川"寒极"之称。10 ℃以上活动积温 1 000~1 500 ℃·d，全年长冬无夏，春秋相连，为四川热量最低地区。域内高原峡谷交错，气候垂直分异明显，随海拔高度呈现亚热带和温带半干旱、寒温带和寒带半湿润或湿润等多种气候。海拔 2 500 m 以下河谷地带降水多，蒸发大；海拔 4 100 m 以上气候寒冷，常年积雪；海拔 2 500~4 100 m 地域属于寒温带，高山地带潮湿阴冷，河谷及平原地带温润湿凉（陈立坤等，2013）。因该区地势高亢，空气稀薄，太阳年辐射量和年日照时数均为四川省最高值。丰富的光能资源在一定程度上弥补了地高天寒、热量不足的缺陷，因而种植业、林业、牧业的上限均高于四川省其他地区。

四、土壤与植被

川西北土壤类型众多，主要发育有高山土、淋溶土、水成土、初育土、半淋溶土、半水成土，以及零星分布的其他类型土壤。高山土是青藏高原及周边在冻融交替的气候条件下形成的，包括草毡土、黑毡土、寒钙土、冷钙土、棕冷钙土、寒漠土、冷漠土和寒冻土 8 个亚种，主要分布在该区西北，该类土壤有季节性或少量永久性冻结现象，仅有少数种类的耐寒灌丛、草本和垫状植物存活，腐殖化程度低，土层浅薄，物种层次分异性低。淋溶土是湿润土壤水分状况下，石灰性介质充分淋溶后形成的具有明显黏粒淋溶沉积特性的土壤，主要分布在域内降雨充沛地区。研究区东北部存在沼泽湿地景观，域内水成土发育较好，主要为沼泽土和泥炭土；沼泽湿地外缘分布有半水成土，埋藏深度 1~3 m。初育土多分布在植被稀疏、土壤侵蚀严重的东南地带。半淋溶土钙镁含量丰富，保肥能力强，多见于研究区中部和东部边缘地带。

特殊的气候和土壤条件孕育了多种植被类型，包括广袤的高寒草甸、以落叶灌丛和常绿灌丛为主的灌丛、以针叶林为主的乔木、以湿生植物和水生植物为主的湿地植被等。高寒草甸为川西北主要植被类型，面积占比 60% 左右，牧草产量高、质量好，使川西北高原成为我国五大牧区之一。灌丛和林地主要分布在东北部以及东南部边缘，湿地主要分布在若尔盖、红原等地。

第二节　川西北高寒草地沙化现状

一、高寒草地沙化概念

土地沙化又称土地沙漠化，一般是指非沙化地区受人类活动和气候变迁等因素影响，土壤中的细粒物质和营养物质等被风蚀吹走，而留下营养含量低的粗粒物质，呈现出以风沙活动为主或似沙漠景观的土地退化过程。沙漠化或沙质荒漠化（Desertization）最先由法国科学家Lehouerou H N 于 1959 年提出，主要指沙漠边缘干旱、半干旱地区的人为活动，制造了新的沙漠。但不同学者受其立场及研究侧重点的影响对于沙漠化的理解持有不同意见。中国科学院沙漠学家王涛在总结前人研究成果，并结合自己多年的研究与实践的基础上，认为沙漠化是干旱、半干旱及部分半湿润地区由于人地关系不相协调所造成的以风沙活动为主要标志的土地退化。草地沙化是土地沙化草地生态系统的具体表现，万婷等认为草地沙化是草地原生植被、群落结构等发生改变，土壤受侵蚀、土质沙化、土壤含水量下降、营养物质流失、草地生产力减退，致使原非沙漠地区的草地出现以风沙活动为主要特征的类似沙漠景观的草地退化过程。

按照中华人民共和国国家标准《天然草地退化、沙化、盐渍化的分级指标》（GB 19377—2003）的规定，草地退化是指天然草地在水蚀、干旱、盐碱、内涝、风沙、地下水位变化等不利自然因素的影响下，或过度放牧、割草等不合理利用，或滥挖、滥割、樵采破坏草地植被，由此引起草地生态环境恶化，草地牧草生物产量降低及品质下降，草地利用性能降低及甚至失去利用价值的过程。

草地沙化是草地退化的一种特殊类型，指不同气候带具沙质地表环境的草地受风蚀、水蚀、干旱、鼠虫害和人为不当经济活动等因素影响，如长期的超载过牧、不合理的垦殖、滥伐与樵采、滥挖药材等，使天然草地遭受不同程度的破坏，土壤受侵蚀，土质变粗沙化，土壤有机质含量下降，营养物质流失，草地生产力减退，致使原非沙漠地区的草地，出现以风沙活动为主要特征的类似沙漠景观的草地退化过程（表 1-1、表 1-2）。

表 1-1　草地退化程度的分级与分级指标　　　　　　（%）

监测项目			草地退化程度分级			
			未退化	轻度退化	中度退化	重度退化
必须监测项目	植物群落特征	总覆盖度相对百分数的减少率	0~10	11~20	21~30	>30
		草层高度相对百分数的降低率	0~10	11~20	21~50	>50
	群落植物组成结构	优势种牧草综合算数优势度相对百分数的减少率	0~10	11~20	21~40	>40
		可食草种个体数相对百分数的减少率	0~10	11~20	21~40	>40
		不可食草与毒害草个体数相对百分数的增加率	0~10	11~20	21~40	>40
	指示植物	草地退化指示植物种个体数相对百分数的增加率	0~10	11~20	21~30	>30
		草地沙化指示植物种个体数相对百分数的增加率	0~10	11~20	21~30	>30
		草地盐渍化指示植物种个体数相对百分数的增加率	0~10	11~20	21~30	>30
	地上部产草量	总产草量相对百分数的减少率	0~10	11~20	21~50	>50
		可食草产量相对百分数的减少率	0~10	11~20	21~50	>50
		不可食草与毒害草产量相对百分数的增加率	0~10	11~20	21~50	>50
	土壤养分	0~20 cm 土层有机质含量相对百分数的减少率	0~10	11~20	21~40	>40
辅助监测项目	地表特征	浮沙堆积面积占草地面积相对百分数的增加率	0~10	11~20	21~30	>30
		土壤侵蚀规模数相对百分数的增加率	0~10	11~20	21~30	>30
		鼠洞面积占草地面积相对百分数的增加	0~10	11~20	21~50	>50
	土壤理化性质	0~20 cm 土层土壤容重相对百分数的增加率	0~10	11~20	21~30	>30
	土壤养分	0~20 cm 土层全氮含量相对百分数的减少率	0~10	11~20	21~25	>25

注：监测已达到鼠害防治标准的草地，须将"鼠洞面积占草地面积相对百分数的增加率（%）"指标列入必须监测项目。

表 1-2　草地沙化（风蚀）程度分级与分级指标　　　　　　　　（%）

监测项目			草地沙化程度分级			
			未沙化	轻度沙化	中度沙化	重度沙化
必须监测项目	植物群落特征	植被组成	沙生植物为一般伴生种或偶见种	沙生植物成为主要伴生种	沙生植物成为优势种	植被很稀疏，仅存少量沙生植物
		草地总覆盖度相对百分数的减少率	0~5	6~20	21~50	>50
	指示植物	草地沙漠化指示植物个体数相对百分数的增加率	0~5	6~10	11~40	>40
	地上部产草量	总产草量相对百分数的减少率	0~10	11~15	16~40	>40
		可食草产量占地上部总产草量相对百分数的减少率	0~10	11~20	21~60	>60
	地形特征		未见沙丘和风蚀坑	较平缓的沙地，固定沙丘	平缓沙地，小型风蚀坑，基本固定或半固定沙丘	中、大型沙丘，大型风蚀坑，半流动沙丘
	裸沙面积占草地地表面积相对百分数的增加率		0~10	11~15	16~40	>40
辅助监测项目	0~20 cm土层的土壤理化性质	机械组成 >0.05 mm 粗沙粒含量相对百分数的增加率	0~10	11~20	21~40	>40
		<0.01 mm 物理性黏粒含量相对百分数的减少率	0~10	11~20	21~40	>40
		养分含量 有机质含量相对百分数的减少率	0~10	11~20	21~40	>40
		全氮含量相对百分数的减少率	0~10	11~20	21~25	>25

二、高寒草地沙化现状

近几十年来，由于区域受人口增加、过度放牧等人为因素的影响，以及全球气候变暖、鼠虫害破坏等自然因素的影响，川西北高寒草地退化严重，局部区域高寒草地出现了沙化或荒漠化，并呈现出逐步蔓延的趋势。据廖雅萍和刘朔等研究表明，截至 2009 年，川西北沙化土地面积占全省沙化土地的 89.9%，面积达 82.19 万 hm²，1994—2009 年沙化面积增加 28.1%。胡光印等利用遥感技术对若尔盖盆地沙漠化的研究表明，1975—2005 年若尔盖盆地沙漠化土地面积总体上仍呈增加趋势, 平均每年以 70.18 km² 的速度增加, 沙漠化土地面积增加了 2 105.33 km², 是 1975 年沙漠化土地面积的 202.93% (图 1-2)。

高寒草地沙化和扩张将导致草地严重退化、土壤肥力降低、多样性降低、水源涵养能力下降, 进而显著影响生态系统结构和功能的稳定, 导致高寒草地生态系统呈逆向演替的趋势, 即由高寒草甸→草原→荒漠草原→荒漠逐渐转变, 生态系统的脆弱性不断升高。当前, 高寒草地沙化已成为川西北高寒草原最严重的生态环境问题之一, 严重影响该区的社会经济可持续发展, 甚至威胁到长江、黄河源区的生态安全。另外, 川西北地处青藏高原东南缘, 地势高、地质复杂、生态脆弱, 一旦形成大面积沙化, 不但难以逆转, 而且在季风的作用下, 将沙尘向更宽、更远的范围输送。因此, 有学者认为川西北的沙化是我国北方日趋严重的沙尘暴的来源之一, 直接或间接地影响我国北方地区。因此, 该区域的草原沙化问题亟待研究和治理。

目前, 川西北生态环境问题逐步引起各级政府和国内外学者的广泛关注, 国家也启动了一系列项目和生态建设工程进行治理, 并取得一定成效, 但 "整体好转, 局部退化" 的情况仍然存在。据《四川省第五次荒漠化和沙化检查成果报告》统计数据, 截至 2015 年, 四川省有沙化土地面积为 863 080.03 hm², 主要分布在阿坝州与甘孜州（即川西北沙区）, 面积达 797 262.59 hm², 占全省沙化土地的 92.37%。四川省流动沙地、半固定沙地、固定沙地与露沙地面积分别为 5 350.67 hm²、28 455.14 hm²、203 440.64 hm² 和 588 349.29 hm², 川西北流动沙地、半固定沙地、固定沙地与露沙地面积分别为 4 045.59 hm²、22 112.49 hm²、179 007.42 hm² 和 579 347.55 hm², 分别占全省该类型沙地总面积的 75.61%、

图 1-2 川西北典型高寒沙化草地

77.71%、87.99%和98.47%。

第三节　川西北高寒草地沙化的成因分析

荒漠化也即沙漠化，是指在极端干旱、干旱与半干旱和部分半湿润地区的沙质地表条件下，由于自然因素或人为活动的影响，破坏了自然脆弱的生态系统平衡，出现了以风沙活动为主要标志，并逐步形成风蚀、风积地貌结构景观的土地退化过程。川西北高寒草地沙化不是一个单纯的自然形成过程，是在人为活动的影响下，由人为因素和自然因素共同作用下彼此叠加并相互反馈的结果。

一、自然因素

（一）成土母质

川西北高寒草原成土母质多样，其中，南部和西南部高山山原区主要是三叠系的粉砂岩、泥质灰岩、白云岩和少量石灰岩，中部丘原区主要是三叠系的板岩、片岩、砂岩等的堆积、残积物，北部平坝沼泽区主要是全新统第四系沼泽有机质的松散堆积物、河流冲积物、小溪洪积物、风积物（沙）。其中，三叠系砂岩、板岩、灰岩含沙量高，第四纪松散堆积沉积物又主要是沼泽沉积和粉沙沉积，形成的土壤含沙量也高。当地表植被遭到破坏后，沙粒物经风力作用而逐渐覆盖草地形成沙漠化造成草地被风沙逐渐覆盖，沙化面积扩大。已有研究表明，大部分沙化区和沙化边缘地带未沙化草地表层有 2~3 cm 厚的土壤层，亚表层有 40~70 cm 厚的沙层，而再往下则基本上是由无棱角的圆形或椭圆形的砾石组成。因此，土壤母质是川西北草地沙化的基础性因素（图 1-3）。

（二）气候因素

川西北高寒草原气候属大陆性高原寒温带季风气候，年均降水量可达 791.95 mm，但是其降水分布不均匀，年际间降水量波动较大，降水量主要分布在 5—10 月，而 12 月、1 月和 2 月降水量很少。冬季地表非常干燥，干沙极易随风吹扬，加之该区经常出现大风天气，由于风速大且湿度低、吸湿能力强，造成迎风坡的沙化。

据气象统计数据，川西北地区气温有明显升高的趋势，且温度上升幅度逐步增加，气温升高将导致川西北蒸发量加大、地表呈现暖干化的趋势。王艳等研究表明，1981—2003 年，川西北高寒草原红原县地区年内降水不均匀，年际降水

图1-3　川西北典型沙质母质

量逐渐降低，年际温差变化较大，气温呈上升趋势。这些因素使得草原生态十分脆弱，严重影响了草地牧草的生长与发育，加之各种野毒草、杂草等侵入，加剧了川西北高寒草原草地退化和土壤的沙化。苑全治等研究表明，1961—2018年川西北高原的温度总体呈显著上升趋势，气候倾向率为0.25 ℃/10年，受其影响潜在蒸散（Potential Evapo Transpiration，ETO）也呈上升趋势，倾向率为4.4 mm/10年，同时指出显著的增加趋势可能是川西北高寒草地退化、沙化的主导气候因子。温度的持续上升会导致地表蒸发量加大、多年冻土退化和土壤冻结时间缩短等问题，进而引起土壤表层含水量减少，草地植被生长发生退化，植被覆盖度下降，加速了土壤的水蚀和风蚀，最终造成草地的沙化（图1-4）。另外，气温升高还可能导致土壤有机质的加速分解，土壤结构破坏，土壤沙化。沙化后相对干燥的土壤和稀疏的植被为鼠类所喜欢的环境，鼠类大量繁殖并啃食草地植被，又加剧了高寒草地的退化与沙化。

风蚀是川西北高寒草原草地沙化另一个重要原因，年平均风速1.6～2.4 m/s，年均大风日数在23～33 d，沙尘暴日数在0.1～2.0 d，主要集中在2—3月。这种特殊气候导致川西北高寒草原沙化草地的沙粒快速移动，加速了该地区草地沙化的速度。此外，极端气候事件也会导致小尺度上的草地退化与沙化，如雪崩、冰崩、暴风雪使草地被大雪覆盖；极端强降水使土壤侵蚀加剧。

（三）鼠虫为害猖獗

川西北高寒草原鼠虫害种类多样、分布广，是川西北高寒草原生态系统严重的生态环境安全隐患，影响了草原畜牧业健康发展，削弱了川西北高寒草原的生

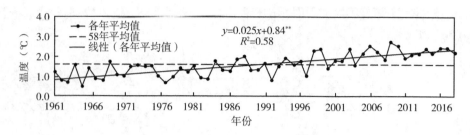

图1-4　川西北高原气温整体变化趋势

注：资料来源于苑全治等（2021）的研究文献。

态屏障作用。近年来，川西北高寒草原地区尤其是红原县的鼠害猖獗。害鼠对草原生态系统的破坏一方面是大量窃食牧草草根，导致草原产草量和地表植物生物多样性下降，降低了植被对地表土壤的保护作用；另一方面，害鼠打洞将亚表层的沙带到地表，成为新的沙源。唐川江等研究表明，2007年川西北高寒草原鼠害为害面积为 $3.005×10^6$ hm^2，严重为害面积为 $2.057×10^6$ hm^2，其中，高原鼠兔、藏鼠兔为害面积将达 $1.9467×10^6$ hm^2，高原鼢鼠为害面积为 $5.387×10^5$ hm^2，青海田鼠、根田鼠、高山姬鼠、玉龙绒鼠和喜马拉雅旱獭等其他鼠类为害面积为 $5.2×10^5$ hm^2，全年经济损失约3亿元。

二、人为因素

（一）过度放牧

川西北高寒草原过度放牧现象非常严重，特别是在冬季依然大面积放牧，致使草地得不到休养生息。相关研究表明，川西北草地理论载畜量为2 253.97万个羊单位，目前实际载畜量为2 786.5万个羊单位，超载率为23.63%，部分地区超载率超过60%。这种掠夺式的放牧方式，导致川西北高寒草原地区草地资源数量和草地生产能力急剧下降，从而引起草原植被覆盖度急剧降低，加速了草地沙化的进程。与此同时，对于潜在沙化的草地，由于植被覆盖度逐渐降低，受牦牛、马、羊等牲畜践踏，以及植物根部被牦牛、马、羊等啃食，导致植被对土壤的保护作用降低，表层土壤极易被破坏而逐渐露出沙层，由此表明过度放牧是川西北高寒草原草地沙化的主要原因之一（图1-5）。

（二）人为滥垦乱挖

20世纪70年代，人为开垦草地来种植粮食和牧草，大面积翻耕草地，破坏了川西北高寒草原原生草甸植被及土壤的腐殖质层，从而导致表层土壤颗粒逐渐

图1-5　川西北典型放牧场景

粗大化，土壤质量逐渐贫瘠化，引起草甸草原土壤快速沙化。同时，随经济利益的驱使，人们对冬虫夏草、红景天等中药任意采挖，导致成片的草地受到破坏，表层沙土裸露在外。与此同时，由于大量中药材被采挖，地表植被群落多样性和群落盖度降低，草地生态系统健康程度下降，导致地表植被对草地土壤的保护作用降低，在牦牛、马、羊等牲畜践踏与啃食作用下，地表土壤极易沙化。

（三）开沟排水扩大草场

川西北高寒草原孕育着我国面积最大、分布最为集中的泥炭沼泽区，同时也是世界上面积最大、保存最好的高原泥炭沼泽。20世纪60—70年代，为了适应我国社会经济的发展，提高川西北高寒草原载畜量，该地区大搞沼泽排水工程，以达到扩大可利用草地面积的目的。这导致了湿地萎缩、湖泊消亡，一部分脱水沼泽地和湖泊转变成了草地，但也有一部分沼泽地或湖泊由于土壤板结硬化，导致其迅速退化、沙化，成为川西北高寒草原地区重要的沙源。

第四节　草地沙化对植被和土壤影响的研究概述

一、草地沙化对植被群落的影响

生物群落是在特定空间或特定生境下，与环境之间彼此影响、相互作用而具有一定的生物种类组成和外貌、结构包括形态结构与营养结构，同时具有特定功能的生物集合体。1870年德国人洪堡德编写的《植物地理学论》是有记录的最早对植被群落学研究的著作。植被群落是指在一定地理区域内，生活在相同环境下的植物种群的组合体。植被群落基本特征是具有一定的外貌、种类组成和群落结构，形成特定的群落环境。同时，植被群落有其分布范围和特定边界。植被群落的不同物种之间能相互影响进而产生动态变化。不同的植物群落在结构和功能上都存在很大的差异，所以通过对群落结构的研究，可以明确组成物种不同的生物学特性、生态特性以及它们的构成方式。

植被群落特征的研究内容主要包括群落物种组成、群落结构等方面。物种组成是决定群落性质最重要的因素，也是鉴别不同群落类型的基本特征。群落学研究一般从分析物种组成开始，群落物种组成的研究内容除了群落中物种的生物名录外，还包括不同物种的数量关系。群落数量特征包括各物种生物的丰富度、密度、盖度、频度和生物量等个体数量指标和优势度、重要值等综合数量指标。群落结构是群落中相互作用的种群在协同进化中形成的，其中生态适应和自然选择起了重要作用，因此群落外貌及其结构特征包含了重要的生态学内容。生物量是一个有机体或群落在一定时间内积累的干物质，是表征其结构和功能的重要参数。植被生物量直接反映了植被的生长状况以及当地自然环境的变化情况。水热条件的年际和季节的显著变化是导致植被生物量不断变化的内在原因。地上生物量主要受到生物多样性、土壤水分、土壤营养、放牧强度等的影响。

在草地生态系统退化过程中，地表群落的物种组成变化巨大，导致物种多样性、优势物种等发生变化。金云翔等（2013）在对内蒙古正蓝旗温性草原区不同沙化程度草地的研究中发现，草地沙化导致草地地下生物量由土壤表层向深层急剧下降。其中，$0 \sim 20$ cm 土层地下生物量占总地下生物量的80%以上，而随着草原沙化程度的加剧，地下生物量呈显著下降趋势。而万婷等研究表明，川西北高寒草原随着草地土壤沙化程度逐渐增加，地表植被群落特征发生了明显变化，草地地表生物多样性、生物量、群落盖度、植被高度、物种丰富度等呈现大幅下降的趋势。地表植被覆盖状况对土壤有机碳有着重要影响，金云翔等和万婷等（2013）研究表明，草地沙化会导致地表植被覆盖状况逐步恶化。舒向阳等表明，川西北草地沙化过程中，未沙化和轻度沙化草地植被群落盖度较高，土壤有机碳含量也高。随着沙化加剧，地表植被群落盖度显著降低，土壤有机碳含量也逐步降低。同时随着土层的加深，土壤有机碳、腐殖质碳显著降低，其原因可能主要是土壤地表植被数量的减少，导致土壤根系生物量、微生物及有机残体来源显著减少。$0 \sim 20$ cm 土层土壤有机碳大幅度变化可能与地表植被覆盖状况降低有着密切关系。这表明草地沙化引起的地表植被状况恶化可能会对土壤碳库产生负面影响。群落特征是植被恢复效益和生态系统功能的根本体现，是群落生态功能评估的基本因子。因此，加强对川西北高寒沙化草地植被群落特征的研究有利于为高寒生物治沙工作提供理论指导。

二、沙化草地土壤有机碳的研究现状

土壤有机碳（Soil Organic Carbon，SOC）指土壤中含碳有机物质的总和，对土壤肥力和地球碳循环具有极其重要的意义。土壤有机碳是大气碳的 2 倍，是地球植被总碳量的 3 倍，参与地球陆域碳循环总碳量中 80% 的碳量以土壤有机碳形式存在于土壤中。土壤有机碳的主要组成有土壤中动植物残体、土壤腐殖质以及土壤微生物体碳量。以动植物残体形式进入土壤的有机碳成为土壤生物的"粮食"，促进土壤生物活动及生物多样性。而土壤生物，特别是土壤微生物作用下生成的土壤腐殖质能够促进土壤团粒结构形成，提高土壤保水、保肥、供水、供肥性能，提高土壤肥力，并大幅度提高耕地土壤高产、稳产性能。

土壤有机碳对环境变化很敏感，通常被认为是土壤沙漠化的敏感指标。土壤有机碳是由活性有机碳、惰性有机碳等不同碳组成的复合体。活性有机碳组分主要包括易氧化态有机碳（Readily Oxidizable Organic Carbon，ROC）、微生物量碳（Microbial Biomass Carbon，MBC）和可溶性有机碳（Dissolved Organic Carbon，DOC）等，是土壤碳库稳定性的敏感指标。DOC 很容易被水侵蚀，并且在土壤表层与深层碳的迁移过程中发挥着重要作用。ROC 由对土壤性质和环境变化敏感的简单有机化合物组成。MBC 由土壤中微生物的浓度决定，对人为干扰和环境变化敏感。惰性有机碳包括不易氧化有机碳、芳香碳等，是相对稳定的土壤有机碳组分。相较而言，活性有机碳组分可以更快地响应土壤环境中的细微变化，它们可能更适合作为土地沙化的敏感指标。

草地生态系统是陆地生态系统中最为重要的碳库之一，草地沙化所引起的草地生态系统碳库变化已逐渐引起诸多学者的关注。目前，针对沙化草地土壤碳的研究大多针对沙化草地生态修复后 SOC 的变化特征，而草地沙化过程中 SOC 的研究虽已有一些报道，但研究成果相对较少。Zhao 和 Zhou 等研究表明，内蒙古科尔沁沙地不同程度沙化草地 SOC 随沙化程度进程而呈现出逐渐降低的变化特征。王进等研究表明，呼伦贝尔沙地和松嫩沙地草地沙化过程中土壤 0~10 cm 和 10~20 cm 土层 SOC 含量均呈现大幅降低的变化特征。李侠等对盐池县不同沙化草地土壤特性的研究表明，随着草地沙化程度的增加，SOC 呈逐渐减少的变化特征。这些研究多从 SOC 总量出发，而关于草地沙化过程土壤

DOC、ROC 和 MBC 等活性有机碳组分的研究很少，仅彭佳佳等从生态修复角度研究了川西北沙化草地红柳修复过程中土壤活性有机碳组分的变化特征，但是关于草地沙化进程中土壤活性有机碳的研究还未见报道。从研究区域来看，这些研究大多集中在我国干旱、半干旱地区，而对我国半湿润地区草地沙化进程中 SOC 的特征研究较少。

因此，研究沙化过程中土壤活性有机碳组分的变化，有助于了解沙化过程和土壤有机碳库的动态变化，揭示生态系统有机生源要素的积累、生物化学循环过程等重要问题。

三、沙化草地土壤氮素的研究现状

土壤氮素是植物生长所需的最主要元素，其在维持土壤肥力和生产力、保持生态环境健康等方面具有十分重要的作用。植物吸收的养分大部分来自土壤，土壤氮素对植物生长和生理代谢起着重要作用。氮素形态会对植物生理代谢过程产生影响，从而影响植物生长。土壤中氮素的形态可分为有机态氮和无机态氮，合称为土壤全氮。土壤中的氮素大部分以有机态的形式存在，无机态氮一般占全氮的 5%左右。另外，还有 1%~5%的氮素存在于土壤微生物中，与土壤有机氮发生密切的相互作用。在土壤中氮素主要以有机氮、氨态氮（Ammonium Nitrogen，NH_4^+-N）、硝态氮（Nitrate Nitrogen，NO_3^--N）、气态氮 4 种形态存在。土壤中有机氮、无机氮间的转化和积累共同作用于生长的植物，反过来，植物的生长发育、枯落死亡以及腐烂分解也都会影响土壤的发育，改变土壤的氮素分布，且不同植物对土壤氮素的影响不同。

土壤有机氮在植物营养中起着重要作用，由于其来源多样，赋存形式极其复杂。同时，它与土壤物质组成、有机质含量和土壤颗粒构成密切关系。因此，在 20 世纪 70 年代之后，探究有机氮组分结构、形态效用、分解转化及影响因子逐渐成为学者们关注的焦点。大量学者通过各种实验，尝试构建能够区分有机氮内部不同性质成分的分级方法，使之能够运用到研究乃至生产之中。1965 年，Bremner 用 6 mol/L HCl 水解土壤 12 h，将土壤中能被酸解的氮称为酸解全氮（Total Acid Hydrolysable Nitrogen，TAHN），不能被酸解的氮称为非酸解性氮（Non Acid Hydrolysable Nitrogen，NAHN），此方法一直为后人沿用。酸解总氮中可鉴别的主要是氨基酸态氮（Amino Acid Nitrogen，AAN）、氨基糖态氮（Amino Sugar Nitrogen，ASN）和酸解氨态氮（Acidolysis Ammonia Nitrogen，ASAN），还有一些不能被鉴别的，称为酸解未知态氮（Acid-hydrolysable Unknown Nitrogen，

HUN)，土壤有机氮组分主要指酸解总氮、氨基酸氮、氨基糖氮、酸解氨态氮和酸解未知氮。

氨基酸态氮是土壤酸解产物中主要可以鉴别的氮化物，占土壤总氮的15%~45%，是土壤氮库中数量最多的一类化合物，主要以结合态存在于有机矿质复合体中，而存在于土壤溶液及土壤孔隙中的氨基酸很少，该组分主要来源于土壤微生物、动植物残体及其代谢产物。土壤酸解液中的氨基糖态氮是可以鉴别出来的一类含氮化合物，其含量占土壤全氮的1%~10%，主要以化合物的形式存在于土壤中，主要组成成分是葡萄糖胺，其次是乳糖胺，葡糖胺与乳糖胺的比值为1.6~4.1。土壤酸解液中氨态氮的含量占土壤全氮的10%~35%，它的来源比较复杂，包括土壤吸附性氨、固定态铵、氨基酸、酰胺在酸解过程中脱氨基作用以及氨基糖的部分分解而释放出 NH_4^+-N。酸解未知态氮占土壤全氮含量的10%~20%。目前，酸解未知态氮的特征和性质仍不明确，一些研究认为土壤酸解未知态氮主要包括非 α-氨基酸等含氮杂环化合物以及土壤腐殖质形成和分解过程中的一些化学反应产物等。非酸解性氮是土壤酸解过程中，氨基酸与糖缩合形成的化合物，由于此化合物高度稳定，不能被 6 mol/L 的 HCl 酸解，很难将其酸解为单体，因此对这部分化合物的性质和组成了解不多。有研究认为，非酸解性氮的来源是由不溶性的土壤残渣吸附酸解产物生成的和与土壤矿物质紧密结合或进入黏土矿物晶格内的不易分解的含氮化合物。

草地沙化最主要的后果之一就是土壤肥力急剧下降，目前已引起了众多学者的高度关注，并取得了宝贵的研究成果。许冬梅和李侠等研究表明，草地沙化过程中，盐池县沙化草地全氮（Total Nitrogen，TN）养分含量由潜在沙漠化草地到极度沙漠化草地总体呈现出逐渐降低的变化特征。Zhao 和 Zhou 等指出草地沙化进程中，内蒙古科尔沁沙地 TN 含量呈现出逐渐降低的变化特征。从研究区域来看，这些研究大多集中在我国干旱、半干旱地区，而对我国半湿润地区草地沙化进程中土壤氮素的特征研究较少。从研究内容来看，这些研究多局限于对草地沙化过程中 TN、碱解氮（Alkali-hydro Nitrogen，AN）等基础氮素，对土壤 NH_4^+-N、NO_3^--N 和微生物量氮（Microbial Biomass Nitrogen，MBN）等植物可直接吸收利用的氮素，以及 TAHN、ASAN、AAN 和 ASN 等有机氮组分的相关研究报道相对缺乏。因此，研究川西北不同沙化程度草地土壤全氮、无机氮素以及有机氮组分的变化特征，对于理解沙化土壤氮素迁移转化和循环过程具有重要意义。

四、沙化草地土壤微生物的研究现状

土壤微生物一般包括生活在土壤中的细菌、真菌、放线菌以及藻类，其种类和数量随着土壤环境及土层深度的不同而变化。它们在土壤中参与氧化、硝化、氨化、固氮等过程，促进土壤有机质的分解和养分的转化。土壤微生物作为土壤生态系统的重要组成部分，维持着整个土壤生态系统的稳定。它们不仅是土壤中物质循环的调节者，而且也是有机物质库和速效养分的一部分，参与有机物的分解转化并固定养分，对土壤肥力和土壤生物量有一定贡献，对植被生产力和维持生态系统稳定等发挥着不可替代的作用。另外，土壤微生物多样性对环境变化反应迅速，能够较早地指示生态系统功能的变化，是衡量土壤健康的重要指标。

土壤微生物的数量及其分布在不同的土壤类型、肥力水平、环境条件和季节变化等条件下存在很大的差异。影响微生物的群落结构组成和多样性的生态因子主要包括土壤类型、含水量、温度、有机物、pH 值和无机养料的供应等。在干旱地区，沙土中较少的养分含量和较低的水分因子是限制微生物活性的主要因素。在同一土体内，由于水分、空气、有机质和一些氧化还原物质分布得不均匀，沙土中各种微环境的通气性、水分、营养等状况也不同，致使同一土体内分布的微生物有所不同。土壤结构的改善有利于改善土壤通气状况、水分渗透能力，进而可能促进微生物的生长。微生物大部分细胞黏附在黏粒上。质地较细、有机质含量较高的土壤中微生物群落结构较复杂、多样性较高。在土壤水分含量低、团粒结构好的土壤，其团粒内部微生物数量多于外部，表明团粒内部的环境比团粒外部更适合微生物的生长。土壤对水分保持能力决定了土壤孔隙中氧气条件，进而影响了相关微生物的活性。湿度太大的土壤，由于限制氧气的交换，不利于微生物的生长。一般情况下，细菌适宜生长在水分条件较好的土壤中，放线菌较耐干旱，真菌介于二者之间。土壤微生物多样性受温度和水分的共同影响。在相同养分条件下，微生物的生长速度随着温度的升高而增加，但超过其最适生长温度后，温度的增加反而降低了微生物的生长速度。不同微生物类群对温度的适应范围不同。土壤温度的升高主要源于太阳辐射。因此，土壤在地球上的部位、土壤的倾斜度、土壤颜色、植被的密度都将影响土壤对太阳能的吸收。土壤温度升高，水分蒸发加快，气体扩散也加快，造成温度、水分和通气之间的复杂关系。一般来说，阳坡土壤接受太阳辐射较多、蒸发强，不利于微生物的生长。在大多数气候带土壤温度越温暖，越利于微生物进行生物化学变化。真菌和大多数细菌都是异养型微生物，少数细菌是光能自养型微生物。微生物数量和活性在富含有机质的土壤上较高。60%的细菌生长在有机质颗粒上，矿物颗粒上只稀疏生长着一些菌落。且有机质颗粒上菌落大，而矿物质颗粒上的菌落只有几个细胞。研究表明，肥力较好的土壤中的微生物数量较多，细菌和真菌所占比例较高，放线菌所占比例较低。大多数土壤微生物适宜生长在中性土壤中。一般情况下，细菌和放线菌适宜生长在中性偏碱的土壤中，而真菌在酸性土壤中生长较好。

20 世纪 70 年代以来，川西北高寒草地沙化程度加剧，沙化面积不断增加，严重威胁着草地生态系统的平衡与健康。高寒沙地生态系统由于其特殊的气候条件、生物群体类型单一、地质地貌独特等原因，具有对外界干扰抵御能力低、自身稳定性差、对外界干扰敏感和内部结构不稳定等特点。而土壤微生物在草地生态系统土壤理化性质的改善和植物凋落物的降解中发挥着重要作用，同时其对环境的敏感性也为深入研究川西北沙化草地生态系统的演变过程提供了极为便利的渠道。因此，研究川西北不同沙化程度草地的微生物量，有助于揭示高寒草地微生物数量及微生物量碳、氮的变化特征，为深入理解高寒草地沙化土壤微生物群落变化及沙化草地修复工作提供理论依据。

五、沙化草地土壤酶的研究现状

土壤酶（Soil Enzyme）作为土壤生态系统的组分之一，既是生态系统的生物催化剂，也是土壤有机体的代谢动力，与土壤理化性质、土壤类型、施肥、耕作以及其他农业措施等密切相关，在土壤物质循环和能量转化过程中起着重要作用。其活性在土壤中的表现在一定程度上反映了土壤所处的状况，且对环境等外界因素引起的变化较敏感，成为土壤生态系统变化的预警和敏感指标。

土壤酶的主要来源是土壤微生物、植物及土壤中原生动物的分泌物，因此植物群落组成、微生物类群以及土壤理化性质的变化，必然会造成土壤酶活性的生态分布和季节性的动态变化。曹成有等研究显示，在固定沙丘上，土壤脲酶、蔗糖酶和多酚氧化酶活性会随土壤深度的增加而递减，从 0~10 cm 到 10~20 cm 的土层的土壤脲酶、蔗糖酶和多酚氧化酶活性分别下降了 45%、44%和 32%；从 10~20 cm 到 20~30 cm 的土层的土壤脲酶、蔗糖酶和多酚氧化酶活性分别下降了 18%、22%和 17%。玛伊努尔·依克木等研究表明，土壤蔗糖酶、脲酶和多酚氧化酶活性在不同月份之间存在极显著差异。蔗糖酶活性在 4—9 月均维持在较高的水平，最大值出现在 4 月，脲酶和多酚氧化酶的活性均呈单峰曲线变化，脲酶活性在 4 月最高，而多酚氧化酶活性的峰值出现在 7 月。同时，土壤酶的分布规律在一定程度上与土壤理化性质和环境条件密切相关。研究表明，脲酶、蔗糖酶和多酚氧化酶的活性与土壤有机碳、全氮、全磷、速效氮和速效磷均显著或极显著相关。土壤蔗糖酶和脲酶活性与土壤水分含量呈显著正相关，蔗糖酶和多酚氧化酶活性与土壤温度呈极显著正相关。

对土壤酶最理想的研究方法是把它从土壤中提取出来，然后测定酶的活性或者使微生物代谢活性和胞外酶活性分离。然而目前的酶学测试技术、方法和土壤中酶的存在状态还达不到上述要求。目前的测定方法主要是采用生物化学法，即用基质的分解产物数量来表示酶活性，用抑菌剂如甲苯等处理样品，以抑制微生物的活性。用这种方法测定的酶活性，主要是测定的土壤酶促基质反应的速度，所以测定结果的准确性不够好。由于生物化学、微生物学和分子生物学所取得的研究成果应用于土壤酶的检测技术，使之也取得了长足的发展，已经深入到分子水平。例如，采用荧光微型板酶检测技术来研究土壤酶多样性，以便了解土壤酶功能的多样性。超声波降解法、凝胶电泳技术和超速离心技术等也被应用于土壤酶活性的测定，在研究土壤酶对物质循环的作用和植物对土壤酶的贡献方面已开始采用同位素示踪技术（周礼恺等，1980）。

目前，川西北高寒草地面临严重的退化，草地沙化已严重威胁该区域的社会经济发展，其生态环境屏障作用正在逐步弱化。研究表明，土壤脲酶、蛋白酶、硝酸还原酶及精氨酸脱氨酶与土壤中氮转化有着密切关系（邱莉萍等，2004）。同时，硝态氮、铵态氮、微生物氮及可溶性氮均是植物氮素的主要来源，因此研究不同沙化程度土壤氮素及酶活性的变化，有助于深入了解沙化过程中土壤酶活性变化规律和土壤氮素的供应转化，为深入理解高寒草地沙化土壤酶活性的变化及今后沙地治理修复工作提供理论依据。

参考文献

蔡燕飞，廖宗文，2002.土壤微生物生态学研究方法进展［J］.土壤与环境（2）：167-171.

曹成有，朱丽辉，富瑶，等，2007.科尔沁沙质草地沙漠化过程中土壤生物活性的变化［J］.生态学杂志（5）：622-627.

曹慧，孙辉，杨浩，等，2003.土壤酶活性及其对土壤质量的指示研究进展［J］.应用与环境生物学报（1）：105-109.

陈立坤，仁青扎西，道里刚，等，2013.川西北高原若尔盖县草地生态恢复及治理对策 [J]. 草业与畜牧 (4)：50-62.

冯冰，高玉红，罗春燕，等，2006.玛曲县草地退化成因分析 [J]. 草原与草坪 (6)：60-63.

郭建强，游再平，赵友年，2008.四川地质遗迹区划研究 [J]. 四川地质学报，28 (4)：327-330.

韩宝龙，束承继，蔡文博，等，2021.植被群落特征对城市生态系统服务影响研究进展 [J]. 生态学报，41 (24)：9 978-9 989.

胡光印，董治宝，逯军峰，等，2013.若尔盖盆地沙漠化及其景观格局变化研究 [J]. 中国沙漠，33 (1)：16-23.

蒋双龙，胡玉福，蒲琴，等，2016.川西北高寒草地沙化过程中土壤氮素变化特征 [J].生态学报，36 (15)：4 644-4 653.

金云翔，徐斌，杨秀春，等，2013.不同沙化程度草原地下生物量及其环境因素特征 [J]. 草业学报，22 (5)：44-51.

李开荣，1985.全球荒漠化的现状与趋势 [J]. 世界沙漠研究 (4)：1-2.

李侠，李潮，蒋进平，等，2013.盐池县不同沙化草地土壤特性 [J]. 草业科学，30 (11)：1 704-1 709.

廖雅萍，王军厚，付蓉，2011.川西北阿坝地区沙化土地动态变化及驱动力分析 [J]. 水土保持研究，18 (3)：51-54.

刘朔，张军，蔡凡隆，等，2017.川西北高原沙区沙化治理区划与治理对策研究 [J]. 四川林业科技，38 (6)：64-75.

鲁如坤，1989.我国土壤氮、磷、钾的基本状况 [J]. 土壤学报 (3)：280-286.

罗富顺，吕淑芳，1982.川西北高原气候特征及畜牧气候分析（摘要）[J]. 四川草原 (3)：19-26.

玛伊努尔·依克木，张丙昌，买买提明·苏来曼，2013.古尔班通古特沙漠生物结皮中微生物量与土壤酶活性的季节变化 [J]. 中国沙漠，33 (4)：1 091-1 097.

彭佳佳，胡玉福，蒋双龙，等，2014.生态恢复对川西北沙化草地土壤活性有机碳的影响 [J]. 水土保持学报，28 (6)：251-255.

彭云霄，魏威，2019.土壤沙化的成因及危害分析 [J]. 安徽农学通报，25

（10）：98-99.

乔有明，王振群，段中华，2009.青海湖北岸土地利用方式对土壤碳氮含量的影响［J］.草业学报，18（6）：105-112.

邱莉萍，刘军，王益权，等，2004.土壤酶活性与土壤肥力的关系研究［J］.植物营养与肥料学报（3）：277-280.

舒向阳，胡玉福，蒋双龙，等，2016.川西北沙化草地植被群落，土壤有机碳及微生物特征［J］.草业学报，25（4）：45-54.

宋小艳，王长庭，胡雷，等，2022.若尔盖退化高寒草甸土壤团聚体结合有机碳变化［J］.生态学报（4）：1-11.

唐明坤，毛颖娟，刘可倚，等，2018.川西北高原区湿地植物区系特征及湿地群落调查初报［J］.四川林业科技，39（2）：71-78.

田红卫，高照良，2013.黄土高原土地沙漠化成因机制及其治理模式的研究［J］.农业现代化研究，34（1）：19-24.

万婷，涂卫国，席欢，等，2013.川西北不同程度沙化草地植被和土壤特征研究［J］.草地学报，21（4）：650-657.

王宝山，尕玛加，张玉，2007.青藏高原"黑土滩"退化高寒草甸草原的形成机制和治理方法的研究进展［J］.草原与草坪（1）：72-77.

王进，周瑞莲，赵哈林，等，2011.呼伦贝尔沙地和松嫩沙地草地沙漠化过程中土壤理化特性变化规律的比较研究［J］.中国沙漠，31（2）：309-314.

王艳，杨剑虹，2004.草原沙漠化成因的探讨［J］.草原与草坪（4）：28-32.

王艳，杨剑虹，潘洁，等，2009.川西北草原退化沙化土壤剖面特征分析［J］.水土保持通报，29（1）：92-95.

王艳，杨剑虹，潘洁，等，2009.川西北高寒草原退化沙化成因分析：以红原县为例［J］.草原与草坪（1）：20-26.

王永宏，田黎明，艾鷩，等，2021.短期牦牛放牧强度对川西北高原高寒草甸土壤细菌群落的影响［J］.生态学报（4）：1-11.

王钰，周俗，赖秀兰，等，2021.川西北草地高原鼢鼠分布、危害现状调查与防控对策［J］.草学（5）：54-595.

吴建国，韩梅，苌伟，等，2008.祁连山中部高寒草甸土壤氮矿化及其影响因素研究［J］. 草业学报，16（6）：39-46.

吴鹏飞，陈智华，2008.若尔盖草地生态系统研究［J］.西南民族大学学报
（自然科学版），34（3）：482-486.

许冬梅，刘彩凤，谢应忠，等，2009.盐池县草地沙化演替过程中土壤理化
特性的变化［J］.水土保持研究，16（4）：85-88.

阳小成，赵桂丹，熊曼君，等，2018.川西北高原路侧土壤重金属分布特征
及污染评价［J］.应用与环境生物学报，24（2）：239-244.

杨成德，龙瑞军，陈秀蓉，等，2008.东祁连山不同高寒草地类型土壤表层
碳，氮，磷密度特征［J］.中国草地学报，30（1）：1-5.

姚昆，张存杰，何磊，等，2020.川西北高原区生态环境脆弱性评估［J］.水
土保持研究，27（4）：355-362.

苑全治，任平，2021.近58年川西北高原的气候变化及其生态效应［J］.四
川师范大学学报（自然科学版），44（5）：674-684.

张健乐，曾小英，史东梅，等，2022.生物炭对紫色土坡耕地侵蚀性耕层土
壤有机碳的影响［J］.环境科学（4）：1-13.

张薇，魏海雷，高洪文，等，2005.土壤微生物多样性及其环境影响因子研
究进展［J］.生态学杂志（1）：48-52.

张小磊，何宽，安春华，等，2006.不同土地利用方式对城市土壤活性有机
碳的影响：以开封市为例［J］.生态环境，15（6）：1 220-1 223.

赵永辉，王勇，2012.川西北高原森林火险与气象条件关系分析［J］.北京农
业（9）：116-117.

赵玉红，魏学红，苗彦军，等，2012.藏北高寒草甸不同退化阶段植物群落
特征及其繁殖分配研究［J］.草地学报，20（2）：221-228.

郑梦眉，2017.风蚀与放牧对温带典型草原植物群落结构的影响［D］.开封：
河南大学.

周莉，李保国，周广胜，2005.土壤有机碳的主导影响因子及其研究进展
［J］.地球科学进展（1）：99-105.

周礼恺，张志明，1980.土壤酶活性的测定方法［J］.土壤通报（5）：
37-49.

朱灵，李易，杨婉秋，等，2021.沙化对高寒草地土壤碳、氮、酶活性及细
菌多样性的影响［J］.水土保持学报，35（3）：350-358.

朱粟锋，刘煜杰，张强，等，2022.生态恢复模式对若尔盖高寒沙化草地土壤微生物群落功能多样性的影响［J］.环境工程技术学报，12（1）：199-206.

朱兆良，2008.中国土壤氮素研究［J］.土壤学报（5）：778-783.

宗宁，石培礼，朱军涛，2021.高寒草地沙化过程植物群落构成及生态位特征变化［J］.生态环境学报，30（8）：1 561-1 570.

BELL S S, FONSECA M S, MOTTEN L B, 1997.Linking restoration and landscape ecology［J］. Restoration Ecology, 5（4）：318-323.

BRADSHAW A, HTTL R F, 2001.Future minesite restoration involves a broader approach［J］. Ecological Engineering, 17（2）：87-90.

CAIRNS J, 2000.Setting ecological restoration goals for technical feasibility and scientific validity［J］. Ecological Engineering, 15（3）：171-180.

HU G Y, DONG Z B, LU J F, et al., 2015.The developmental trend and influencing factors of aeolian desertification in the Zoige Basin, eastern Qinghai-Tibet Plateau［J］. Aeolian Research, 19：275-281.

HUETE A, MIURO T, GAO X, 2002.Land cover conversion and degradation analyses through coupled soil-plant biophysical parameters derived from hyperspectral EO-1 Hyperion［J］. IEEE Transactions on Geoscience and Remote Sensing, 2（6）：799-801.

MA L, WANG Q, SHEN S, et al., 2020.Heterogeneity of soil structure and fertility during desertification of alpine grassland in northwest Sichuan［J］. Ecosphere, 11（7）：e03161.

MANZANO M G, N VAR J, 2000. Processes of desertification by goats overgrazing in the Tamaulipan thornscrub（matorral）in north-eastern Mexico［J］. Journal of Arid Environments, 44（1）：1-17.

SHI Z, ALLISON S D, HE Y, et al., 2020.The age distribution of global soil carbon inferred from radiocarbon measurements［J］. Nature Geoscience, 13（8）：555-559.

VALONE T J, THORNHILL D J, 2001. Mesquite establishment in arid grasslands：an experimental investigation of the role of kangaroo rats［J］. Journal of Arid Environments, 48（3）：281-288.

ZHAO H L, HE Y H, ZHOU R L, et al., 2009.Effects of desertification on soil organic C and N content in sandy farmland and grassland of Inner Mongolia [J]. Catena, 77 (3): 187-191.

ZHAO H L, LI J, LIU R T, et al., 2014.Effects of desertification on temporal and spatial distribution of soil macro-arthropods in Horqin sandy grassland, Inner Mongolia [J]. Geoderma, 223/225: 62-67.

ZHOU R L, LI Y Q, ZHAO H L, et al., 2008.Desertification effects on C and N content of sandy soils under grassland in Horqin, northern China [J]. Geoderma, 145 (3): 370-375.

第二章 川西北高寒草地沙化的时空分布特征

　　草地生态系统是陆地生态系统的重要组成部分，具有涵养水源、调节气候、水土保持、改良土壤、防风固沙和维持生物多样性等生态效益。伴随人类活动干扰强度不断增强以及全球变暖等不利自然因素的发生，草原生态系统已经逐渐退化。面对我国日益严重的草地退化、沙化等草原生态系统问题，国内外相关学者采取了不同的方法，对不同尺度的草地沙化进行广泛的研究。草原传统的研究方法大多数为野外勘察和实地考察，这种方法有诸多局限性，如效率低、耗时长，而且具有一定程度的破坏性，尤其不宜进行大范围调查、监测或在人类难以抵达的地区进行调查。而目前在草原退化研究方法中广泛应用的遥感技术不受自然和社会条件的限制，可迅速获取大范围观测资料，对草原不会造成任何程度上的破坏。基于遥感数据可定量、定性的对草地沙化情况进行分析，其成果便于转化为空间信息数据，方便程序化分析、整理，因此近几十年来被人们广泛加以应用。随着遥感与地理信息系统等技术手段的不断完善，遥感监测已成为区域草地退化、沙化研究的重要技术手段。

　　若尔盖湿地国家级自然保护区是我国第一大高原沼泽湿地，也是青藏高原高寒湿地生态系统的典型代表。该区生物多样性极为丰富，是许多珍稀野生动物的主要繁殖地，是黄河流域上游水源涵养地之一。目前，若尔盖湿地正面临着过度放牧、草畜矛盾日益尖锐、草地退化等问题，这些问题严重破坏了当地的草地生态系统。关于该区动植物资源调查、生物多样性已有较多研究和报道，但对于该保护区草地沙化监测及草地退化时空变化的研究尚未见报道。因此，本研究以若尔盖湿地国家级自然保护区为研究区，以研究区3个时期遥感影像为数据源，利用遥感（RS）和地理信息系统（GIS）等技术，对该区1990—2013年的沙化草地时空变化动态进行研究，为该区湿地保护提供技术支持、草地资源的保护利用与管理提供理论依据。

第一节　研究区概况

一、地理位置

四川若尔盖湿地国家级自然保护区位于四川省阿坝藏族自治州若尔盖县境内，是若尔盖高原的核心区域。保护区地理坐标为东经 102° 29′~102° 59′、北纬 33° 25′~24° 80′，东西宽 47 km，南北长 63 km，面积 16 670.6 hm²。保护区西面以黑河、彻尼亚河、唐克到红星 213 国道为界，东面以若尔盖县城到迭部的 213 国道为界，北面以唐克至红星的公路为界，南面以唐克至若尔盖县城的公路为界，所涉及的区域有唐克、红星、嫩洼、辖曼、班佑和阿西 6 个乡，以及黑河、辖曼、阿西、向东和分区 5 个。

二、地形地貌

若尔盖湿地自然保护区位于若尔盖县内，海拔 3 400 m 以上，属高原浅丘沼泽地貌。研究区河谷平坦、谷地开阔、河床比降小且迂回曲折。地貌形态主要为丘陵、沼泽和谷地，其中丘陵多为浑圆状山丘，丘间河沟纵横、流水不畅，形成大面积沼泽地。河流曲折迂回，牛轭湖、水塘多如牛毛。地势由南向北倾斜，植被主要是以沼泽和草甸草原组成。

三、气候条件

若尔盖湿地自然保护区属高原寒带湿润季风气候。西部丘状高原，气候严寒，四季不明，冬长无夏，最冷月（1 月）多年平均气温-10.6 ℃，绝对最低气温-33.7 ℃。最热月（7 月）平均气温 10.8 ℃，绝对最高气温 24.6 ℃，年平均气温 1.4 ℃，无绝对无霜期。多年平均降水量 656.8 mm，其中 86% 多集中降于 4 月下旬至 10 月中旬。东部牧区气候较温和，4—7 月基本为无霜期，夏季最高气温 30 ℃，冬季最低气温-10 ℃，平均日照时数 12 h，年降水量 500~600 mm，多集中降于夏末秋初，春末夏初则多干旱。常见自然灾害有冰雹、干旱、霜冻、寒潮连阴雪、洪涝等。5—10 月是草原的生产季节和旅游季节，平均气温 12 ℃左右。

四、水文条件

若尔盖湿地自然保护区属黄河水系，该区主要河流为黑河及其支流达水曲，且河流迂回曲折，蛇曲发育，水流平稳缓慢。黑河从东南至西北纵贯保护区，向北流入黄河，是黄河上游流量较大的支流。研究区内还有一些较短的支流通过沼泽流入黑河。达水曲发源于若尔盖县阿西乡，贯穿保护区的拉隆措（花湖）、哈丘湖等核心区域，在保护区西北边与黑河交汇。研究区内湖泊面积较小，而且大多为牛轭湖，面积较大的主要为拉隆措湖、措拉坚湖。研究区内水环境为碱性，地面水质较差，细菌含量未达到中国国家饮用水标准，研究技术路线见图2-1。

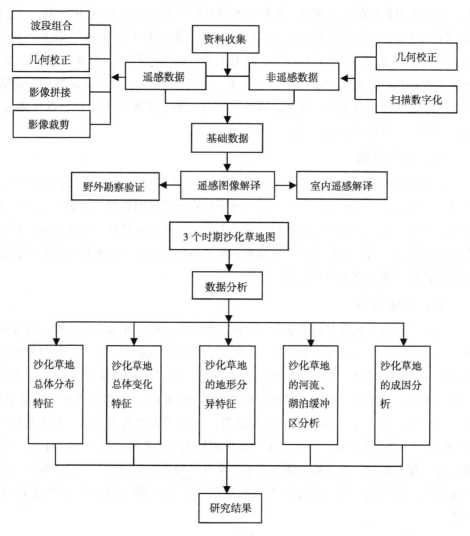

图 2-1 研究技术路线

五、土壤条件

若尔盖湿地自然保护区成土母质主要有湖相沉积母质、洪积母质、冲积母质、残积母质、坡积母质。由于地势高、气候冷湿、地表积水，保护区的主要土壤为高原褐土、高原沼泽土、高原草甸土壤。

高原褐土：分布在唐克和热尔大坝的二级阶地上，成土母质为黄土状沉积物，植被以禾本科为主的草甸。

高原沼泽土：主要分布在阶地、河谷平原、洼地和湖泊四周，以沼泽植被为主，地表起伏不平，有各种不同形状的草丘，成土母质多为质地均匀的粉砂和亚黏土。

高原草甸土：主要分布在保护区低山丘陵，周围的山地以及沼泽化的阶地上，海拔 3 500 m 以上的丘状高原顶部有少量分布。高原草甸土在残积母质的物理风化物上发育而成，成土过程主要是淋溶和生草过程。植被主要为亚高山草甸，母质多为砂页岩及变质岩等，灰岩较少，一般坡积物较厚。

六、植被条件

若尔盖自然保护区植被主要有沼泽植被、高山草甸植被和高山灌丛植被。其中沼泽植被以西藏蒿草、木里苔草等为主，主要集中分布在研究区黑河流域周围、山前洼地及丘间、山间伏流宽谷和牛轭湖周围等排水不畅的地带。高山草甸植被以沙草科、禾本科草本植物为主，主要分布在丘状草原平坝、阶地及亚高山中，分布面积较广，草群层次多，覆盖度较大。高山灌丛植被分布于沟谷、山坡两侧，或者分布在湿地的边缘或与高山草甸镶嵌，具有稳定的植被类型，主要以落叶灌木为主，覆盖度一般在 50% 以下，优势种不明显。

第二节　数据来源与研究方法

本书以 1990 年、2000 年和 2013 年遥感影像数据和研究区 DEM 数据为基础，结合归一化差异水体指数（NDWI）和归一化植被指数（NDVI），通过 Erdas Imagine 9.2 软件解译获得研究区的沙化草地分级图，利用 ArcGis 9.3 软件将沙化草地分级图与坡向、河流缓冲区进行叠加分析，获得不同坡向、河流缓冲区沙化草地的分布情况。

一、数据来源

（一）遥感数据

本文主要以 1990 年 7 月的 TM 数据，2000 年 9 月的 TM 数据和 2013 年 7 月的 OLI 数据为遥感信息源，共有 6 景遥感影像图（表 2-1）。

表 2-1　遥感影像基本参数表

图像类型	轨道号	空间分辨率（m）	平均云量（%）	时相
TM 图像	131036	30	0.28	19900708
TM 图像	131037	30	1.21	19900708
TM 图像	131036	30	0.03	20000921
TM 图像	131037	30	0.02	20000921
OLI 图像	131036	30	3.36	20130723
OLI 图像	131037	30	0.52	20130723

（二）非遥感数据

非遥感数据主要包括 1∶10 万的地形图、行政区划图、地质图、气象数据、GPS 野外调查获得的数据，以及相应年份统计年鉴及其他图文资料等辅助数据。

二、遥感图像的预处理

（一）波段选择

由于不同波段各地物之间的光谱特征存在差异，不同的波长范围记录与反映地物的能力不同。沙化草地分类是否正确取决于波段的选择与组合。因此在选择波段或波段组合时包含的信息量要尽可能大，且波段间相关性要小，要有助于对感兴趣的地物进行识别，为了便于人工目视解译，波段组合的颜色要尽可能与肉眼看到的现实地物颜色相符。为了真实反映地物实际颜色，有利于图像目视解译，本文在沙化草地的解译过程中，分别选择 1990 年、2000 年的 4、3、2 波段和 2013 年的 5、4、3 波段进行组合。

（二）影像几何校正和配准

由于不同的卫星轨道、地球曲率变化、地形起伏和大气折射等因素的影响，遥感影像在成像时会产生一定的几何畸变，从而造成影像失真。要在一个规定的投影坐标系中利用遥感影像提取沙化草地信息，需要对遥感影像进行几何校正，消除几何畸变的影响。几何校正是指通过一系列的数学模型来改正和消除遥感影像成像时因摄影材料变形、物镜畸变、大气折光、地球曲率、地球自转、地形起伏等因素导致的原始图像上各地物的几何位置、形状、尺寸、方位等特征与在参照系统中的表达要求不一致时产生的变形。一般从遥感卫星拍摄的影像数据都已经完成了几何粗校正和辐射校正，通常只需要直接对影像数据进行精确的几何校正和坐标配准。

以 Erdas Imagine 9.2 软件中 Landsat 传感器校正模型为基础，用 1990 年的 TM 遥感数据对 3 个时期遥感影像进行几何精校正。

1. 地面控制点选取

在选取地面控制点之前，考察了以下实际情况，对于那些要处理的地域面积不大，而选取的遥感影像覆盖面积又很大的情况下，需要先进行影像裁剪，然后选取地面控制点，进行几何精校正，这样可以提高运行速度，校正精度也较高。一般而言，所选的地面控制点应具有以下特征：地面控制点在影像上具有明显的可识别标志，如桥梁与河岸的交点、田块边角点、大的烟囱、道路的交叉点等；为了提高校正的正确性，在选取不同影像上的控制点时，要选同一高程的控制点；控制点不会因为拍摄的时间不同而发生改变，其地理坐标不会改变。地面控制点应尽量均匀分布在校正区域内，并有一定的数量保证。几何校正的精度和选取的控制点的数量、控制点的精度有关，因此在选取控制点时要尽量多选，而且选择比较明显、容易识别的控制点，这样可以保证几何校正的精度。

2. 几何精校正模型

地面控制点确定后，要分别在两幅遥感影像之间或影像与标准地形图之间进行从高一级几何精度的遥感影像或大比例尺的地形图上读取像元的定位值；需要校正的图像像元坐标既可以是其行列号，也可以是其变了形的地理坐标。从理论上讲，原图像曲面均可用适当的高次多项式近似拟合。

下一步是确定多项式校正模型，多项式模型的一般数学表达式为：

$$
\begin{cases}
X = \sum_{i=0}^{n} \sum_{j=0}^{n-1} a_{ij} x^i y^j \\
Y = \sum_{i=0}^{n} \sum_{j=0}^{n-1} b_{ij} x^i y^j
\end{cases}
\tag{1}
$$

式（1）中 n 为多项式的次数，a_{ij}、b_{ij} 为多项式待定系数，x、y 为与 X、Y 相对应的校正前像元坐标，X、Y 为校正后图像的像元坐标。n 的选取取决于图像变形的程度，地面控制点的数量和地形位移的大小。对于多数具有中等几何变形的小区域的卫星影像，较常使用的非线性校正模型是式（1）的简化：

$$\begin{cases} X = a_0 + a_1x + a_2y + a_3xy \\ Y = b_0 + b_1x + b_2y + b_3xy \end{cases} \quad (2)$$

由式（2）可以看到，有 4 个同名点坐标值，即 4 对 (x, y) 与 (X, Y) 坐标值，就可以计算出这 8 个待定系数。

多项式校正法适用于地势平坦地区的几何校正，如果高差的范围不是很大，用该方法进行校正可大大提高校正精度。

3. 重采样

重采样就是对校正后图像的各像元灰度根据原始图像数值进行重新逐个赋值。由于遥感图像非线性几何变形，使原始遥感图像与理想地面网格的对应关系发生变化，原始的图像像元与经过校正以后的图像像元已经不能一一对应，需要用与校正后像元相关的一个或多个原始像元灰度经过适当的处理，形成新的像元灰度值。

（三）影像拼接处理

影像镶嵌是指当研究区的范围超出单幅遥感影像时，需要将相邻的两幅或几幅影像通过遥感软件组合拼接起来形成能够覆盖研究区的影像。而在影像拼接时由于大气的影响或在拍摄时太阳高度角所造成的邻近影像的差异，需要在影像拼接前对遥感影像进行直方图匹配。而本文的研究区在两幅相邻的遥感影像上，因此需要对其进行直方图匹配，然后再进行拼接处理。直方图匹配处理后，在 Erdas Image 9.2 软件的图像拼接处理模块（Mosaic Image）下加载已经过几何精校正和直方图匹配的遥感影像，进行影像拼接处理。研究区影像拼接色调一致，没有存在明显的拼接边缝，拼接效果较理想。

（四）影像裁剪

在 Erdas Image 9.2 软件下（Data Preparation）的子模块（Subset Imagine）中，利用 AOI（Area of Interest）工具，分别对 1990 年、2000 年和 2013 年的遥感影像进行裁剪，最终得到研究区 3 个时期的遥感影像图和数字高程模型（DEM）。

三、水体信息的提取

在水体信息提取中，最关键的是对影像数据进行解译时，能够把水体信息增强，把不属于水体信息的部分减弱，通常有水体指数法、多波段谱间关系法或单波段阈值法 3 种方法。单波段阈值法主要是采取了在近红外波长范围内，土壤和植被具有很强的反射性，水体则具有很强的吸收性的特征，从而通过设置阈值来提取影像的水体信息。但是，单波段法很难分辨出细小的水体和混杂在水体中的阴影部分。多波段增强图像阈值法是指利用多波段的优势，综合提取水体信息，也是较为广泛使用的方法，可分为谱间分析法和比值法。水体指数法的原理是不同的波段的水体光谱特征不同，在不同的波段组合中，有的波段组合水体特征很容易识别，将易于识别的波段组合建立水体指数模型，并确定识别水体的阈值。

Mcfeeters 在 1996 年借鉴归一化植被指数（NDVI）的构建思想，利用绿波段（TM2）和近红外波段（TM4）水体波谱差异提出了归一化差异水体指数 NDWI（Normalized Difference Water Index），该方法主要是考虑到植被在近红外的反射增强，水体从绿波段到中红外波段的反射逐渐降低，用近红外波段和可见光作归一化差值计算可使水体信息增强，而非水体信息被抑制，有利于提取水体信息。其公式如下：

$$NDWI = \frac{CH4 - CH2}{CH4 + CH2} \tag{3}$$

式（3）中，$CH2$、$CH4$ 分别为 TM 影像第 2、第 4 波段的像元值。

利用公式（3）在 Erdas Image 9.2 软件下建模计算出研究区 NDWI，经过多次试验并确定水体提取阈值，1990 年、2000 年和 2013 年的水体提取阈值分别为0.2、0.23 和 0.2。

四、植被覆盖度模型

（一）像元二分模型

像元二分模型是线性模型中一个简单的模型，它假设像元由有植被覆盖地表和无植被覆盖地表 2 个部分组成。遥感信息也只由这 2 个组分因子线性组合，它们各自在像元中的面积比率即为自身的权重。植被覆盖地表占像元的比例即为该像元的植被覆盖度。通过逐个计算每个像元的植被覆盖度来估算整个区域的植被覆盖度。一个像元的信息可以分为植被和土壤，遥感传感器所观测到的信息 S 可以表达为：

$$S = S_v + S_s \tag{4}$$

对于一个由土壤和植被 2 个部分组成的混合像元，像元中有植被覆盖的面积比例为该像元的植被覆盖度 f_c，而土壤覆盖的面积比例为（$1-f_c$）。设纯像元的植被覆盖的遥感数据信息为 S_{veg}，混合像元中的植被成分所贡献的遥感信息（$S_{veg}-S_{siol}$）可以表示为：

$$S_v = S_{veg} \times f_c \tag{5}$$

同理，

$$S_s = S_{siol} \times (1 - f_c) \tag{6}$$

将式（5）与式（6）代入式（4）得到：

$$S = S_{veg} \times f_c + S_{siol} \times (1 - f_c) \tag{7}$$

对式（7）进行变换，可以得到计算植被盖度公式为：

$$f_c = \frac{S - S_{siol}}{S_{veg} - S_{siol}} \tag{8}$$

其中，S_{siol} 和 S_{veg} 都是参数。S_{siol} 包含了土壤的信息，S_{veg} 包含了植被的信息。

（二）利用 NDVI 估算植被覆盖度

像元二分模型具有一定的理论基础，参数具有确切的物理意义，不受地域的限制，易于推广。另外，像元二分模型中的参数还削弱了土壤背景、植被类型和大气的影响。S_{siol} 包含了土壤类型、颜色、湿度等因素对于遥感信息的贡献；而 S_{veg} 包含了植被类型、结构等有关植被的因素对于遥感信息的贡献。像元二分模型实际上通过参数 S_{veg} 和 S_{siol}，将土壤背景、植被类型和大气等对遥感信息的影响降至最低，只留下植被覆盖度的信息。植被覆盖度作为植被的重要指示因子，经常被用于植被的变化监测中，而 NDVI 则是遥感界应用最为广泛的植被指数，两者像元二分模型有机的联系在一起，使遥感光谱所蕴涵的信息通过 NDVI 这个桥梁转换为植被覆盖度。

将 NDVI 代入 $S = S_{veg} \times f_c + S_{siol} \times (1 - f_c)$，可以近似为下式：

$$NDVI = NDVI_{veg} \times f_c + NDVI_{siol} \times (1 - f_c) \tag{9}$$

经变换得植被覆盖度 f_c 的公式如下：

$$f_c = \frac{NDVI - NDVI_{siol}}{NDVI_{veg} - NDVI_{siol}} \tag{10}$$

此公式中有植被覆盖的 NDVI 的权重即为此像元的植被覆盖度 f_c，而无植被覆盖的 NDVI 的权重即为 $1-f_c$，而每个像元的 NDVI 值可以看成是有植被覆盖部分的 NDVI 值与无植被覆盖的 NDVI 值的加权平均。$NDVI_{veg}$ 为纯植被覆盖像元的 NDVI 值，$NDVI_{siol}$ 为纯土壤像元 NDVI 值。

（三）确定 NDVI 阈值

根据式（10）计算植被覆盖度信息的关键在于 $NDVI_{soil}$ 和 $NDVI_{veg}$ 的确定，理论上，$NDVI_{soil}$ 接近于 0，但受地表粗糙度、湿度及土壤类型、颜色等因素的影响，$NDVI_{soil}$ 会随着时间和空间发生变化，其变化范围一般为 $-0.1 \sim 0.2$，但对于特定的土壤类型，其 $NDVI_{soil}$ 值是确定的。由于 $NDVI_{veg}$ 值受植被类型差异及地表植被覆盖季节变化的影响，也具有较强的时空异质特征。因此，仅采用一个固定 $NDVI_{soil}$ 值和 $NDVI_{veg}$ 值不能真实地反映出区域内的植被覆盖度状况，即使在同一景遥感影像上也应有所变化。本研究在利用遥感技术估算植被覆盖度时，为了提高植被覆盖度估算的准确性和精度，以研究区土地利用现状图和土壤图的套合图作为确定 $NDVI_{veg}$ 和 $NDVI_{soil}$ 值的依据，选取累计频率为 5% 的 $NDVI$ 值作为其 $NDVI_{soil}$ 值，选取累计频率为 95% 的 $NDVI$ 值作为其 $NDVI_{veg}$ 值。具体来说首先是对研究区土地利用图和土壤图进行数字化，然后在 ArcGIS 9.3 平台下，对土地利用现状图和土壤图进行叠加套合，并用套合图分别叠加套合 1990 年、2000 年和 2013 年的 $NDVI$ 图，确定不同土地利用方式的 $NDVI_{veg}$ 值和不同土壤类型的 $NDVI_{soil}$ 值，最后在 Erdas Image 9.2 软件的 Spatial Modeler 模块内建立植被覆盖度计算模型，分别计算各个套合图斑的植被覆盖度，以获取研究区 1990 年、2000 年和 2013 年 3 个时期的植被覆盖度分布图。

（四）植被覆盖度精度验证

为保证本次研究结果的准确性，本研究进行了野外实地调查和植被覆盖度的测算，进一步对研究区植被覆盖度遥感估算结果进行精度验证。首先在遥感图像上随机产生 40 个验证点，并结合当地的交通条件对部分样点进行适当的移位，然后记录每个样点的经纬度坐标。野外采用手持式 GPS 定位对样点进行定位，采用综合运用数码照相法、样方调查法和目估法测算样点植被覆盖度，将野外植被覆盖度的实测结果与遥感影像估算的结果进行相关分析。结果表明，应用 NDVI 像元二分模型的估算结果与实测值间有较高的相关性，相关系数达到了 0.823（图 2-2），说明本研究植被覆盖度估算结果具有较高的精度和准确性，可用于植被覆盖度的时空变化研究。

五、沙化草地的等级划分

在收集前人工作成果的基础上，以我国关于《天然草地退化、沙化、盐渍化的分级指标》（GB 19377—2003）的国家标准以及相关土地沙化分级指标研究为

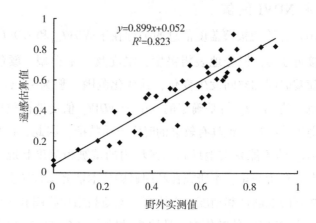

图 2-2　植被覆盖度估算结果与实测结果的相关性分析

参考，以科学性、实用性和可操作性为原则，经野外考察论证，并结合研究区沙化草地基本特征，将研究区分为未沙化草地（植被覆盖度大于 50%）、轻度沙化草地（植被覆盖度为 30%～50%）、中度沙化草地（植被覆盖度为 15%～30%）、重度沙化草地（植被覆盖度小于 15%）和水域。为了便于研究，本文将沼泽归于未沙化草地。

六、数据处理

采用 SPSS 20.0 软件和 Excel 2013 软件对数据进行统计分析与制图。

第三节　结果与分析

一、沙化草地的空间分布及变化特征

（一）沙化草地的空间分布及面积统计特征

分类结果表明，未沙化草地集中分布在研究区的西北、东南部和黑河流域两旁，并呈现出连片分布的特征。中度沙化草地和重度沙化草地零星分布在研究区东部和西南部。轻度沙化草地总体呈现出片状和带状分布特征，但无明显的分布规律。

分类结果统计表明，研究区主要以未沙化草地为主，3 个时期未沙化草地区域面积占研究区总面积的 74% 以上。其次是轻度沙化草地区域，3 个时期面积比例为 18%～21%，中度沙化草地面积较少，仅占研究区总面积的 4% 以下，重度沙化草地面积比例最小，面积比重不足 0.5%（表 2-2）。

表 2-2　1990 年、2000 年、2013 年研究区面积统计结果

沙化草地分级	1990 年		2000 年		2013 年	
	面积（hm²）	比例（%）	面积（hm²）	比例（%）	面积（hm²）	比例（%）
未沙化	128 354.23	77.06	124 739.02	74.89	125 257.57	75.20
轻度沙化	31 357.20	18.83	34 142.70	20.50	33 802.50	20.29
中度沙化	4 866.75	2.92	5 747.94	3.45	5 461.88	3.28
重度沙化	387.99	0.23	521.64	0.31	510.37	0.31
水域	1 604.43	0.96	1 419.30	0.85	1 538.28	0.92
合计	166 570.60	100.00	166 570.60	100.00	166 570.60	100.00

（二）沙化草地的时间变化特征

从时间变化特征来看，1990—2013 年研究区沙化草地总体上呈上升趋势，轻度沙化草地、中度沙化草地和重度沙化草地区域面积均有不同程度的增加。其中，轻度沙化草地区域面积增加最多，增加了 2 445.3 hm²，增幅为 7.8%；其次是中度沙化草地区域，面积增加了 595.13 hm²，增幅为 25.88 hm²/年；重度沙化草地区域面积变化幅度最大，增幅为 31.54%。23 年间未沙化草地区域面积共减少 3 096.66 hm²，年均下降 134.64 hm²，降幅达到 2.41%（表 2-3）。

在不同时段内，研究区沙化草地呈现出不同的变化特征。1990—2000 年研究区草地呈现大幅度退化趋势，未沙化草地区域面积变化最大，减少了 3 615.21 hm²，年均面积减少 361.52 hm²，降幅达到 2.82%。轻度沙化草地、中度沙化草地和重度沙化草地均有不同程度增加，其中，轻度沙化草地面积增加最多，增加了 2 785.5 hm²，增幅为 8.88%；重度沙化草地增加幅度最大，增幅达到 34.45%；中度沙化草地增加 881.19 hm²，增幅为 18.11%。

2000—2013 年研究区草地沙化得到一定的遏制，并且沙化草地总体上呈恢复趋势，主要表现为轻度沙化草地、中度沙化草地和重度沙化草地区域面积比例下降，未沙化草地区域面积增加。轻度沙化草地和中度沙化草地分别减少了 340.2 hm²、286.06 hm²，降幅分别为 1% 和 4.98%；重度沙化草地区域面积变化较小，仅减少了 11.27 hm²；未沙化草地区域面积增加了 518.55 hm²，年均面积

增加 39.89 hm^2，增幅为 0.42%。

表 2-3　1990—2013 年研究区面积变化特征的统计结果

沙化草地分级	1990—2000 年			2000—2013 年			1990—2013 年		
	变化量（hm^2）	变化速度（hm^2/年）	变化率（%）	变化量（hm^2）	变化速度（hm^2/年）	变化率（%）	变化量（hm^2）	变化速度（hm^2/年）	变化率（%）
未沙化	-3 615.21	-361.52	-2.82	518.55	39.89	0.42	-3 096.66	-134.64	-2.41
轻度沙化	2 785.50	278.55	8.88	-340.20	-26.17	-1.00	2 445.30	106.32	7.80
中度沙化	881.19	88.12	18.11	-286.06	-22.00	-4.98	595.13	25.88	12.23
重度沙化	133.65	13.37	34.45	-11.27	-0.87	-2.16	122.38	5.32	31.54
水域	-185.13	-18.51	-11.54	118.98	9.15	8.38	-66.15	-2.88	-4.12

（三）沙化草地面积的转化特征

为了研究保护区不同沙化草地等级面积的空间变化及过程，在遥感图像处理软件 Erdas imagine 9.2 软件中通过矩阵运算和空间统计分析，得到 1990—2000 年及 2000—2013 年研究区各沙化草地区域面积转移矩阵（表 2-4、表 2-5）。

分析结果表明，1990—2000 年研究区未沙化草地区域面积转出大于转入，面积呈减少趋势，转出面积为 10 757.27 hm^2，其去向主要是转为轻度沙化草地和中度沙化草地，其中转为轻度沙化草地区域面积最大，占总转出面积的 96.4%。轻度沙化草地、中度沙化草地和重度沙化草地区域转入面积大于转出面积，面积呈增加特征。其中，轻度沙化草地区域转入面积最大，转入面积为 11 160.46 hm^2，主要由未沙化草地转入，占轻度沙化草地区域总转入面积的 93%；重度沙化草地区域虽然转入面积较少，仅转入了 206.64 hm^2，但是转入面积比例最大，达 53%；中度沙化草地区域主要由轻度沙化草地转入，其转入总面积为 2 012.85 hm^2。

2000—2013 年研究区不同沙化草地等级面积的空间变化及过程与 1989—2000 年相比呈现相反的趋势。研究区未沙化草地区域转出面积为 7 929.35 hm^2，而转入面积为 8 447.9 hm^2，转入大于转出，面积呈增加趋势，且转入来源主要是轻度沙化草地区域，转入面积占总转入面积的 89.61%。轻度沙化草地区域转出面积为 9 547.68 hm^2，转入面积为 9 207.48 hm^2，面积呈减少趋势，主要是转为未沙化草地和中度沙化草地。中度沙化草地和重度沙化草地与轻度沙化草地呈相同的趋势，面积转出大于转入。中度沙化草地区域转出面积达 44.13%，其去向主要是转为轻度沙化草地，重度沙化草地转出面积为 268.63 hm²。

表 2-4 1990—2000 年不同沙化草地等级面积转移矩阵

等级		未沙化	轻度沙化	中度沙化	重度沙化	水域	1990 年合计
未沙化	面积（km²）	117 596.96	10 370.48	381.42	3.45	1.92	128 354.23
	比例（%）	91.62	8.08	0.30	0.00	0.00	100.00
轻度沙化	面积（km²）	6 746.88	22 982.24	1 566.39	60.34	1.35	31 357.20
	比例（%）	21.52	73.29	5.00	0.19	0.00	100.00
中度沙化	面积（km²）	265.81	705.81	3 735.09	142.54	17.50	4 866.75
	比例（%）	5.46	14.50	76.75	2.93	0.36	100.00
重度沙化	面积（km²）	9.62	16.74	45.62	315.00	1.01	387.99
	比例（%）	2.48	4.31	11.76	81.19	0.26	100.00
水域	面积（km²）	119.75	67.43	19.42	0.31	1 397.52	1 604.43
	比例（%）	7.46	4.20	1.21	0.02	87.10	100.00
2000 年合计	面积（km²）	124 739.02	34 142.70	5 747.94	521.64	1 419.30	166 570.60

表 2-5 2000—2013 年不同沙化草地等级面积转移矩阵

等级		未沙化	轻度沙化	中度沙化	重度沙化	水域	2000 年合计
未沙化	面积（km²）	116 809.67	7 508.17	305.05	4.02	112.11	124 739.02
	比例（%）	93.64	6.02	0.24	0.00	0.09	100.00
轻度沙化	面积（km²）	7 570.16	24 595.02	1 860.78	106.38	10.36	34 142.70
	比例（%）	22.17	72.04	5.45	0.31	0.03	100.00
中度沙化	面积（km²）	808.51	1 569.33	3 211.26	146.39	12.45	5 747.94
	比例（%）	14.07	27.30	55.87	2.55	0.22	100.00
重度沙化	面积（km²）	58.28	126.79	81.90	253.01	1.66	521.64
	比例（%）	11.17	24.31	15.70	48.50	0.32	100.00
水域	面积（km²）	10.95	3.19	2.89	0.57	1 401.70	1 419.30
	比例（%）	0.77	0.22	0.20	0.04	98.76	100.00
2013 年合计	面积（km²）	125 257.57	33 802.50	5 461.88	510.37	1 538.28	166 570.60

二、不同地形因子沙化草地的变化特征

不同的地形条件通过改变温度、光照、土壤和水分等生态因子，对草地的生

长、生产力以及生态系统功能等产生重要的影响。为了分析不同地形条件沙化草地的分布及变化特征，根据研究区具体的海拔及地形情况，运用 ArcGis 9.3 将 DEM 数据裁剪后进行海拔、坡度和坡向重分类，将研究区海拔分为 3 324~3 420 m、3 420~3 450 m、3 450~3 480 m、3 480~3 520 m 和 3 520~3 792 m 等 5 个高程带，将坡度按 0~5°、5°~10°、10°~20°和>20°分为 4 个坡度带，将坡向分为阳坡（135°~225°）、半阳坡（45°~135°）、半阴坡（225°~315°）、阴坡（315°~360°、0~45°）。将高程数据、坡度和坡向数据分别与 3 个时期的植被覆盖度数据进行空间叠加分析，从而获得研究区域不同海拔、不同坡度和不同坡向的沙化草地分布及变化特征。

（一）不同海拔沙化草地的分布及变化特征

海拔主要通过影响水热分配影响草地生长，为了进一步了解研究区沙化草地的海拔分异和变化特征，本文研究了不同海拔带沙化草地的空间分布及变化特征。结果表明，随着海拔的升高，研究区未沙化草地面积比重明显增加。海拔 >3 480 m 的地带未沙化草地区域面积占各海拔带的面积比重达 90% 以上；海拔 3 450~3 480 m 的地带未沙化草地区域面积比重较低于海拔 >3 480 m 的地带，而海拔 3 324~3 420 m 的地带未沙化草地区域面积比重为 55%~60%，轻度沙化草地区域面积比重为 30%~33%（表 2-6），说明海拔 3 324~3 420 m 的地带人类活动的影响相对较强。

研究时段内研究区各海拔带沙化草地有不同程度的变化。1990—2013 年轻度沙化草地区域面积在各个海拔带均增加，其中在海拔 3 450~3 480 m 的地带面积增加最多，增加了 1 786.31 hm²，增幅为 55%，其次是海拔 <3 450 m 的地带，增幅为 10%~12%；中度沙化草地和重度沙化草地区域面积增加，且主要集中在海拔 <3 450 m 的地带。未沙化草地区域面积在海拔 3 324~3 480 m 的地带下降，降幅最大的是海拔 3 324~3 420 m 的地带，降幅达到了 6.8%，其次是海拔 3 450~3 480 m 的地带，而在海拔 >3 480 m 的地带未沙化草地区域面积有所增加，但增幅不大。不同沙化等级草地面积变化主要集中在海拔 <3 450 m 的地带，说明研究区人类活动主要集中在海拔 3 324~3 450 m 地带，由于受到过度放牧、开渠排水等人类活动影响，草地在海拔 <3 450 m 的地带退化明显。

表 2-6 1990—2013 年不同海拔沙化草地的变化特征

沙化等级	年份	3 324~3 420 m		3 420~3 450 m		3 450~3 480 m		3 480~3 520 m		3 520~3 792 m	
		面积 (hm²)	比例 (%)	面积 (hm²)	比例 (%)	面积 (hm²)	比例 (%)	面积 (hm²)	比例 (%)	面积 (hm²)	比例 (%)
未沙化	1990	5 293.35	59.17	72 217.00	70.60	29 445.30	88.50	12 708.00	95.80	8 690.58	98.81
	2000	5 251.59	58.70	70 922.53	69.33	27 950.85	84.01	12 304.26	92.76	8 309.79	94.48
	2013	4933.26	55.15	71 124.99	69.53	27 694.00	83.23	12 783.15	96.37	8 722.17	99.17
轻度沙化	1990	2 733.12	30.55	24 960.36	24.40	3 245.49	9.75	340.29	2.57	77.94	0.89
	2000	2 799.90	31.30	25 647.33	25.07	4 566.60	13.72	685.89	5.17	442.98	5.04
	2013	2 996.55	33.50	25 261.96	24.70	5 031.80	15.12	446.40	3.37	65.79	0.75
中度沙化	1990	568.71	6.36	3 906.00	3.82	285.93	0.86	92.79	0.70	13.32	0.15
	2000	542.70	6.07	4 462.20	4.36	523.80	1.57	186.93	1.41	32.31	0.37
	2013	634.77	7.10	4 362.80	4.27	435.60	1.31	24.93	0.19	3.78	0.04
重度沙化	1990	13.50	0.15	87.03	0.09	167.94	0.50	109.89	0.83	9.63	0.11
	2000	59.04	0.66	229.41	0.22	141.12	0.42	82.62	0.62	9.45	0.11
	2013	79.83	0.89	399.13	0.39	22.23	0.07	6.21	0.05	2.97	0.03
水域	1990	337.05	3.77	1 121.94	1.10	127.53	0.38	14.22	0.11	3.69	0.04
	2000	292.50	3.27	1 030.86	1.01	89.82	0.27	5.49	0.04	0.63	0.01
	2013	301.32	3.37	1 143.45	1.12	88.56	0.27	4.50	0.03	0.45	0.01

（二）不同坡度沙化草地的分布及变化特征

研究结果表明，未沙化草地区域在坡度 0~5°、5°~10°、10°~20° 和 >20° 的面积比重均在 70% 以上，其中在坡度 >20° 面积比重最大，最大超过 87%，在坡度 0~5° 面积比重最小；轻度沙化草地区域面积比重最大的是坡度 0~5°，3 个时期面积比重为 22%~24%；中度沙化草地、重度沙化草地和水域所占面积比重较小，且中度沙化草地、重度沙化草地主要集中分布在坡度 <10° 的地带（表 2-7）。

1990—2013 年轻度沙化草地和中度沙化草地区域面积在各坡度带均增加，其中轻度沙化草地和中度沙化草地区域在 0~5° 面积增加最大，分别增加了 1 103.74 hm² 和 324.23 hm²，增幅分别为 5.65% 和 11.85%，其次是在 5°~10°，分别增加了 845.3 hm² 和 234.99 hm²，在坡度 >10° 面积增加不明显；重度沙化草地区域在 0~10° 面积增加，共增加了 196.63 hm²，在坡度 >10° 面积有所减少。未沙化草地区域面积在各坡度带均呈下降趋势，其中未沙化草地区域面积降幅较大的是坡度<10° 的地带，降幅为 2.5%~2.6%，坡度>20° 降幅不明显。不同沙化等级草地面积变化主要集中在坡度<10° 的地带，说明在坡度<10° 的地带，过度放牧等人类活动频繁。

表 2-7　1990—2013 年不同坡度沙化草地的变化特征

沙化等级	年份	0~5°		5°~10°		10°~20°		>20°	
		面积（hm²）	比例（%）	面积（hm²）	比例（%）	面积（hm²）	比例（%）	面积（hm²）	比例（%）
未沙化	1990	62 361.39	72.87	42 173.10	78.86	21 070.20	86.39	2 749.54	87.84
	2000	60 399.40	70.58	41 280.02	77.19	20 418.69	83.72	2 640.91	84.37
	2013	60 772.52	71.02	41 073.10	76.81	20 701.20	84.88	2 710.75	86.60
轻度沙化	1990	19 531.62	22.82	9 062.40	16.95	2 511.99	10.30	251.19	8.03
	2000	20 836.88	24.35	9 805.90	18.34	3 144.33	12.89	355.59	11.36
	2013	20 635.36	24.11	9 907.70	18.53	2 958.84	12.13	300.60	9.60
中度沙化	1990	2 737.26	3.20	1 585.98	2.97	481.50	1.97	62.01	1.98
	2000	3 352.05	3.92	1 764.90	3.30	553.68	2.27	77.31	2.47
	2013	3 061.49	3.58	1 820.97	3.41	504.90	2.07	74.52	2.38
重度沙化	1990	145.44	0.17	130.77	0.24	98.37	0.40	13.41	0.43
	2000	279.90	0.33	147.87	0.28	83.34	0.34	10.53	0.34
	2013	306.34	0.36	166.50	0.31	32.40	0.13	5.13	0.16
水域	1990	798.21	0.93	524.79	0.98	227.52	0.93	53.91	1.72
	2000	705.69	0.82	478.35	0.89	189.54	0.78	45.72	1.46
	2013	798.21	0.93	508.77	0.95	192.24	0.79	39.06	1.25

（三）不同坡向沙化草地的分布及变化特征

研究区阳坡、半阳坡、阴坡、半阴坡主要以未沙化草地区域为主，3 个时期的面积比重均在 74% 以上，3 个时期面积比重从大到小依次为：半阳坡>阳坡>半阴坡>阴坡，呈现上述分布规律的主要原因是研究区地处北半球，阳坡和半阳坡光照强度和热量条件均高于阴坡和半阴坡。轻度沙化草地区域面积比重相对较小，3 个时期面积比重为 17%~21%；重度沙化草地区域和极重度草地区域面积所占比例不大，两个区域面积比重之和不足 5%（表 2-8）。

各时段内研究区未沙化草地区域面积在阳坡、半阳坡、阴坡、半阴坡均有不同程度降低，其中降幅最大的是阴坡，降幅达 3.1%，其次是半阳坡，降幅为

2.7%；而轻度沙化草地区域在阳坡、半阳坡、阴坡、半阴坡则增加，增幅分别为 5.4%、9.4%、7.7% 和 8.4%；中度沙化草地和重度沙化草地在阳坡、半阳坡、阴坡、半阴坡均有不同程度变化，但变化不明显。

表 2-8　1990—2013 年不同坡向沙化草地的变化特征

沙化等级	年份	阳坡		半阳坡		阴坡		半阴坡	
		面积（hm²）	比例（%）	面积（hm²）	比例（%）	面积（hm²）	比例（%）	面积（hm²）	比例（%）
未沙化	1990	29 824.90	78.13	33 177.80	78.88	31 390.31	76.74	33 961.22	77.49
	2000	28 981.67	75.92	32 059.10	76.22	30 420.84	74.37	33 277.41	75.61
	2013	29 096.40	76.22	32 266.10	76.71	30 416.93	74.36	33 478.14	76.27
轻度沙化	1990	7 120.97	18.65	7 467.26	17.75	8 281.35	20.25	8 487.62	19.37
	2000	7 758.60	20.33	8 295.38	19.72	8 954.17	21.89	9 134.55	20.75
	2013	7 504.38	19.66	8 171.93	19.43	8 919.90	21.81	9 206.29	20.97
中度沙化	1990	1 137.42	2.98	1 273.23	3.03	1 153.89	2.82	1 302.21	2.97
	2000	1 318.08	3.45	1 551.56	3.69	1 408.12	3.44	1 470.18	3.34
	2013	1 441.93	3.78	1 496.43	3.56	1 447.09	3.54	1 076.43	2.45
重度沙化	1990	89.01	0.23	143.59	0.34	79.79	0.20	75.61	0.17
	2000	113.95	0.30	155.84	0.37	122.20	0.30	129.65	0.29
	2013	129.59	0.34	127.42	0.30	121.42	0.30	131.94	0.30

三、不同缓冲区沙化草地的变化特征

水资源是沙化草地动态变化的重要因素，对沙化草地变化起着关键的作用。研究区范围内湖泊主要有错热洼坚湖和错尼达坚湖，河流主要是黑河。距离湖泊和河流不同远近较大程度上反映了水资源的分配情况，本文按离湖泊和河流不同距离做缓冲区，分析距湖泊和河流不同距离缓冲区内沙化草地的变化情况，以此来分析距离湖泊和河流不同远近可能对沙化草地变化带来的影响，本文对黑河做 500 m、1 000 m、1 500 m 缓冲区分析，以分析水源状况对沙化草地变化的影响。

（一）湖泊缓冲区沙化草地的分布及变化特征

在 ArcGis 9.3 软件中利用缓冲区分析功能对错热洼坚湖和错尼达坚湖分别做 500 m、1 000 m、1 500 m 缓冲区分析，并将 3 个时期沙化草地分布图与缓冲区空间矢量数据进行空间叠加，得到错热洼坚湖和错尼达坚湖不同距离区域的沙化草地数据（表 2-9）。

表 2-9　1990 年、2013 年不同湖泊缓冲区沙化草地变化

沙化等级	0~500 m			500~1 000 m			1 000~1 500 m		
	1990 年（hm²）	2013 年（hm²）	变化比例（%）	1990 年（hm²）	2013 年（hm²）	变化比例（%）	1990 年（hm²）	2013 年（hm²）	变化比例（%）
未沙化	820.92	831.38	1.27	968.29	935.46	-3.39	1 190.91	1 108.58	-6.91
轻度沙化	161.85	151.42	-6.44	279.34	311.31	11.44	315.66	370.52	17.38
中度沙化	6.60	6.58	-0.30	24.52	25.06	2.20	70.19	96.91	38.07
重度沙化	0.81	0.80	-1.23	0.40	0.72	80.00	1.30	2.05	57.69

　　数据表明，湖泊缓冲区以未沙化草地为主，2 个时期面积比例达 70% 以上；轻度沙化草地主要分布在 500~1 500 m 缓冲区，面积比例为 15%~25%；中度沙化草地和重度沙化草地区域主要集中在 1 000~1 500 m 缓冲区，但面积比重较少。

　　研究时段内研究区各缓冲区沙化草地有不同程度的变化。在 0~500 m 缓冲区，轻度沙化草地、中度沙化草地和重度沙化草地区域面积减少，轻度沙化草地区域面积减少了 10.43 hm²，降幅为 6.44%，中度沙化草地和重度沙化草地区域面积减少较小；轻度沙化草地、中度沙化草地和重度沙化草地区域面积在 500~1 000 m 和 1 000~1 500 m 缓冲区面积增加，其中，轻度沙化草地区域面积在两 2 缓冲区分别增加了 31.97 hm² 和 54.86 hm²。未沙化草地区域面积在 0~500 m 缓冲区呈增加趋势，增幅为 1.27%，而在 500~1 000 m 和 1 000~1 500 m 缓冲区未沙化草地区域面积比例下降，降幅分别为 3.39% 和 6.91%。

（二）河流缓冲区沙化草地分布及变化特征

　　在 ArcGis 9.3 软件中利用缓冲区分析功能分别做 500 m、1 000 m、1 500 m 黑河缓冲区分析，利用缓冲区空间矢量数据与 3 个时期沙化草地分布图进行空间叠加分析，得到距黑河流域不同距离区域的沙化草地数据（表 2-10），分析距黑河流域不同距离对沙化草地的变化影响。

表 2-10　1990 年和 2013 年不同河流缓冲区沙化草地变化

沙化等级	0~500 m			500~1 000 m			1 000~1 500 m		
	1990 年（hm²）	2013 年（hm²）	变化比例（%）	1990 年（hm²）	2013 年（hm²）	变化比例（%）	1990 年（hm²）	2013 年（hm²）	变化比例（%）
未沙化	5 449.77	5 485.20	0.65	4 039.02	4 090.21	1.27	3 519.09	3 602.94	2.38
轻度沙化	287.28	249.78	-13.05	383.40	338.96	-11.59	593.73	499.82	-15.82

（续表）

沙化等级	0~500 m			500~1 000 m			1 000~1 500 m		
	1990 年（hm²）	2013 年（hm²）	变化比例（%）	1990 年（hm²）	2013 年（hm²）	变化比例（%）	1990 年（hm²）	2013 年（hm²）	变化比例（%）
中度沙化	8.28	9.90	19.57	16.56	11.25	-32.07	29.60	36.96	24.86
重度沙化	0.81	1.26	55.56	3.78	2.34	-38.10	24.21	26.91	11.15

　　3 个缓冲区均以未沙化草地区域为主，面积比例均在 85% 以上，其次是轻度沙化草地区域，中度沙化草地和重度沙化草地区域所占比例较少。距离河流越远各沙化草地区域面积有明显的变化规律。未沙化草地随着距离河流越来越远，面积比例越来越小，轻度沙化草地、中度沙化草地和重度沙化草地则基本上满足相反的规律，即距离河流越远，面积越大。说明距河流远近决定的水资源空间分布特征对沙化草地分布具有极其重要的作用。

　　分析数据表明，未沙化草地变化最明显的是在 1 000~1 500 m 缓冲区，增加了 83.85 hm²，增幅为 2.38%，0~500 m 和 500~1 000 m 缓冲区略有增加；轻度沙化草地区域在 1 000~1 500 m 缓冲区降幅最大，降幅为 15.82%；中度沙化草地区域在 0~500 m 和 1 000~1 500 m 缓冲区面积增加，但在 500~1 000 m 缓冲区面积降低；重度沙化草地区域面积变化不明显。

四、草地沙化的成因分析

（一）自然因素

　　导致若尔盖湿地保护区沙化草地面积增加的自然因素包括气候变化、降水量变化、地质地貌、鼠虫害等的影响。由于本文研究区时限仅有 23 年，地质地貌和地质构造运动在短时间内不会有太大的改变，而近年来，全球气候变化导致研究区水热条件变化较大，对研究区沙化草地影响较大，再加上研究区近年来鼠虫害危害日益严重，加剧了对研究区草地的破坏。因此本文从气候变化、降水量变化和鼠虫害的影响 3 个方面，分析自然因素对沙化草地的影响。

　　1. 气候变化

　　从研究区年平均气温变化图来看（图 2-3），研究区近 20 年年平均气温呈波动上升的趋势，且升幅越来越大。1990—2006 年，在全球气候变暖的大环境影响下，研究区年平均气温上升了 1.45 ℃。在近 20 年年平均气温中，除了部分年份因大雪导致降温外，气温总体上逐渐上升。气温的升高会引发冰川融化、地面蒸发量增加、植被生产力下降等一系列生态环境变化。近来气候的暖干化趋势，导致了冰川萎缩，温度升高使得冰川冷储减少，冰温升高，冰川大量消融。冰川融化看似带来了更多水源，有利于草地植被的生长，然而冰雪储量是有限的，随着冰川的后退，可融化冰雪面积逐渐减少，供水量反而会下降，此外气温上升，大面积冰雪融化还会造成水土流失。气温升高将直接导致地面蒸发量增加，加剧了水分的流失；随着气候变化导致温度的逐渐升高，土壤水分蒸发加大，在降水量增加不大的情况下，土壤水分亏缺，不利于牧草的生长。气温变化对植被的生长发育、生产力、生物量等都将产生极大的影响。气候升高使高寒草地植被覆盖度与生产力出现大范围下降现象，草地植物群落组成发生改变，草地的产草量和品质，以及草地生产力下降。

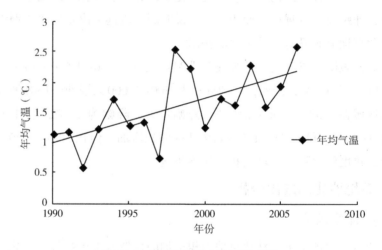

图 2-3 研究区平均气温变化曲线

2. 降水变化

降水量的变化会直接影响水资源的时空分配和水文循环过程，降水量是影响草地水系统的重要因素。在近 20 年中，研究年平均降水量与气温变化呈振荡波动下降的趋势，研究区年降水量下降了近 130 mm（图 2-4）。一方面，降水量的降低将导致供水量下降，地下水位降低，湿地萎缩；另一方面，降水量的降低，将导致土壤水分亏缺，不利于牧草的生长。

3. 鼠虫害的影响

由于湿地面积萎缩，地下水位下降，导致适合干燥环境的鼠类大量繁衍。这些鼠类数量多、密度大，以啃食牧草为主，鼠类在筑地下洞穴时对草地进行刨

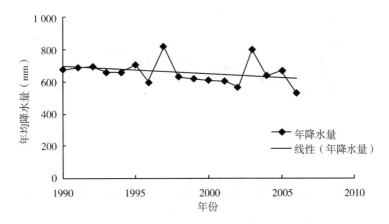

图 2-4　研究区年平均降水量变化曲线

挖，将大量泥沙堆积在洞口，据若尔盖县草原站调查，一个鼢鼠的土丘的底面积大约是 2 000 cm²，大的可以达到约 2 700 cm²，地下洞穴导致土壤水土流失、牧草枯萎，在一定程度上加速了草地的退化和沙化过程。研究区还存在大量的草原毛虫，也是导致草地沙化的驱动因素之一，主要分布在半沼泽草场和土壤干燥的草场，以牧草为食，当其规模达到 150 条/m² 以上时，该区域的牧草减产 30%～60%。

（二）人为因素

1. 过度放牧

畜牧业是当地牧民的经济来源，但是当地牧民仍然保持着传统的粗放型的放牧方式，过度放牧严重，导致草地沙化。统计数据表明（图 2-5），1975—2005 年，若尔盖县牲畜量呈直线增长的趋势，牲畜总量由 1975 年的 186.55 万羊单位增长到 2005 年的 307 万羊单位，增幅达 64.6%，年增长量为 4.01 万羊单位。若尔盖县理论载畜量为 186.5 万羊单位，统计结果显示，从 1975 年以来，全县的载畜量均超载，到 2005 年，全县超载率在 60% 以上。高强度的放牧不仅破坏了当地的生态环境，而且牲畜对牧草大量啃食，加剧了草地退化、沙化。

2. 开渠排水

20 世纪 60—70 年代，若尔盖、红原、阿坝 3 个县开始沼泽草地人工排水，造成了地表水位降低、土壤板结硬化、草地开始退化，部分地区已经出现沙化。70 年代初若尔盖县就为了扩大牧场对沼泽进行疏干，共计开挖排水沟渠

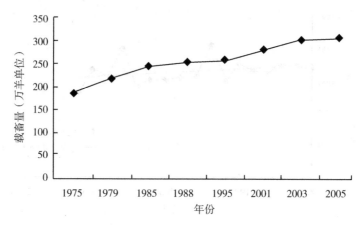

图 2-5　若尔盖县载畜量变化曲线

700 多条。据调查，1965—1973 年，若尔盖县采用东方红 75 型拖拉机进行开沟排水，9 年就开排水沟 380 km，扩大了放牧利用面积累计 800 km²。90 年代，成立了若尔盖湿地保护区，虽一定程度上减缓了湿地萎缩和草地沙化的速度，但是保护区内的大面积沼泽已经被排干，蓄水能力下降，草地沙化面积仍在增加。

3. 泥炭与中药材开采

泥炭与沼泽是宝贵的有机矿产和生物资源，若尔盖高原湿地泥炭资源的储量达 19 亿 t（干重），约占全国泥炭资源总量（46.8 亿 t）的 41%。由于若尔盖高原缺少石油和煤炭等能源资源，长途运输不仅价格昂贵，而且交通受季节影响，无法保证能源供应，泥炭被当作燃料在当地大量使用。泥炭作为当地的主要能源被大量开采，据统计，若尔盖高原湿地大型泥炭矿 130 多处，中型泥炭矿 80 多处，滥采乱挖十分严重，深浅不一、形状不同的废弃矿坑遍地皆是。泥炭具有极强的蓄水能力，泥炭开采使得地下水位下降，导致湿地、沼泽面积萎缩，草地退化、沙化。

若尔盖县独特的自然生态环境，孕育了丰富的中药材资源，盛产冬虫夏草、松贝、甘松、大黄、秦艽等名贵中药材。近年来，对中药材的需求不断增加，当地牧民在经济利益的驱使下，开始大量采挖野生中药材，对草地造成了一定程度的破坏，是草地沙化的驱动因素之一。

第四节　结　论

本书将研究区分为未沙化草地、轻度沙化草地、中度沙化草地、重度沙化草地和水域。未沙化草地集中分布在研究区的西北、东南部和黑河流域两旁，并呈现出连片分布的特征，中度沙化草地和重度沙化草地零星分布在研究区东部和西南部。轻度沙化草地总体呈现出片状和带状分布，但无明显的分布规律。

研究区主要以未沙化草地为主，3 个时期未沙化草地区域面积占研究区总面积的 74% 以上。其次是轻度沙化草地区域，3 个时期面积比例为 18%~21%。中度沙化草地面积较少，仅占研究区总面积的 4% 以下，重度沙化草地面积比例最小，面积比重不足 0.5%。1990—2013 年研究区沙化草地总体上呈上升趋势，轻度沙化草地、中度沙化草地和重度沙化草地区域面积均有不同程度增加。其中，轻度沙化草地区域面积增加了 2 445.3 hm²，中度沙化草地区域面积增加了 595.13 hm²，增速为 25.88 hm²/年；重度沙化草地区域面积变化幅度最大，增幅为 31.54%。

1989—2000 年研究区未沙化草地区域面积转出大于转入，面积呈减少趋势，转出面积为 10 757.27 hm²，其去向主要是转为轻度沙化草地和中度沙化草地；轻度沙化草地、中度沙化草地和重度沙化草地区域转入面积大于转出面积，面积呈增加特征。2000—2013 年研究区未沙化草地区域转入大于转出，面积呈增加趋势，且转入来源主要是轻度沙化草地区域；轻度沙化草地区域面积转出面积为 9 547.68 hm²，转入面积为 9 207.48 hm²，面积呈减少趋势，主要是转为未沙化草地和中度沙化草地。中度沙化草地和重度沙化草地与轻度沙化草地呈相同的趋势，面积转出大于转入。

1990—2013 年轻度沙化草地区域面积在各个海拔带均有所增加，其中在海拔 3 450~3 480 m 的地带面积增加最多，增加了 1 786.31 hm²，中度沙化草地和重度沙化草地区域在海拔 <3 450 m 的地带面积增加。在坡度分析中，轻度沙化草地和中度沙化草地区域面积在各坡度带均有所增加，且在 0~5° 面积增加最大，在坡度>10° 面积增加不明显；重度沙化草地区域在 0~10° 面积增加，共增加了 196.63 hm²；坡度>10° 面积有所减少。在不同的坡向中，轻度沙化草地区域在阳坡、半阳坡、阴坡、半阴坡则增加，增幅分别为 5.4%、9.4%、7.7% 和 8.4%；中度沙化草地和重度沙化草地在各坡向中变化不明显。

研究区各缓冲区沙化草地有不同程度的变化。在湖泊缓冲区分析中，轻度沙化草地、中度沙化草地和重度沙化草地区域面积在 0~500 m 缓冲区减少，在 500~1 000 m 和 1 000~1 500 m 缓冲区面积增加。在河流缓冲区分析中，未沙化草地随着距离河流越来越远，面积比例越来越小，轻度沙化草地、中度沙化草地和重度沙化草地则基本上满足相反的规律，即距离河流越远，面积越大。说明距河流远近决定的水资源空间分布特征对沙化草地分布具有极其重要的作用。

1990—2013 年，若尔盖湿地自然保护区草地总体呈现退化趋势，草地沙化面积增加，这是由自然因素和人为因素共同作用的结果。其中，自然因素主要包括降水、温度、气候等因素，自然因素是基础，是内因，其影响是持续而漫长的。而人为因素主要指对草地环境产生明显影响的人类活动，例如泥炭开采、过度放牧等，人为因素是外因，比较明显，且作用速度快，一般起着加速和强化自然因素的作用。

参考文献

陈林，曹萌豪，宋乃平，等，2021.中国荒漠草原的研究态势与热点分析 [J]. 生态学报，41 (24)：12.

姜烨，孙建国，谢家丽，等，2013.近 20 年若尔盖湿地水土流失变化的遥感评估 [J]. 遥感技术与应用，28 (6)：1 088-1 093.

李德仁，李明，2014.无人机遥感系统的研究进展与应用前景 [J]. 武汉大学学报 (信息科学版)，39 (5)：505-540.

牛佳，周小奇，蒋娜，等，2011.若尔盖高寒湿地干湿土壤条件下微生物群落结构特征 [J]. 生态学报，31 (2)：474-482.

田应兵，2005.若尔盖高原湿地不同生境下植被类型及其分布规律 [J]. 长江大学学报 (自然科学版)，2 (2)：1-5.

田应兵，熊明标，宋光煜，2005.若尔盖高原湿地土壤的恢复演替及其水分与养分变化 [J]. 生态学杂志，24 (1)：21-25.

田应兵，熊明彪，宋光煜，2004.若尔盖高原湿地生态恢复过程中土壤有机质的变化研究 [J]. 湿地科学，2 (2)：88-93.

田应兵，熊明彪，熊晓山，2003.若尔盖高原湿地土壤-植物系统有机碳的分布与流动 [J]. 植物生态学报，27 (4)：490-495.

王宝山，尕玛加，张玉，2007.青藏高原"黑土滩"退化高寒草甸草原的形成机制和治理方法的研究进展 [J]. 草原与草坪（2）：72-77.

王艳，杨剑虹，2004.草原沙漠化成因的探讨 [J]. 草原与草坪（4）：28-32.

王艳，杨剑虹，潘洁，等，2009.川西北草原退化沙化土壤剖面特征分析 [J]. 水土保持通报，29（1）：92-95.

王艳，杨剑虹，潘洁，等，2009.川西北高寒草原退化沙化成因分析：以红原县为例 [J]. 草原与草坪（1）：20-26.

吴鹏飞，陈智华，2008.若尔盖草地生态系统研究 [J]. 西南民族大学学报：自然科学版，34（3）：482-486.

赵吉，廖仰南，张桂枝，等，1999.草原生态系统的土壤微生物生态 [J]. 中国草地（3）：57-67.

朱锋，肖晖，魏亚男，2014.无人机遥感影像镶嵌技术综述 [J]. 计算机工程与应用，50（15）：38-41.

ZHAO H L, HE Y H, ZHOU R L, et al., 2009.Effects of desertification on soil organic C and n content in sandy farmland and grassland of Inner Mongolia [J]. Catena, 77（3）：187-191.

ZHAO H L, LI J, LIU R T, et al., 2014.Effects of desertification on temporal and spatial distribution of soil macro-arthropods in Horqin sandy grassland, Inner Mongolia [J]. Geoderma, 223-225：62-67.

第三章 川西北高寒草地沙化对地表植被的影响

植被群落的生态特征是研究土地退化地区生态环境特征和生态功能恢复的重要指标，也是土地荒漠化地区沙地植被恢复与重建的重要研究内容。沙化草地植被群落数量特征的研究对于评价其生态功能、优化生物治沙技术和恢复沙地生态环境具有重要的指导意义。群落数量特征包括丰富度、覆盖度和生物量等数量指标，其中植被生物量能够直接反映植被的生长状况以及当地自然环境的变化情况，并且显著受到生物多样性、土壤水分、土壤营养、放牧强度等的影响。川西北高寒草地退化过程中，生态环境遭到巨大破坏，地表植被群落物种组成变化巨大，导致物种数量、优势物种等发生变化。因此，研究沙漠化过程中地表植被群落的变化特征，对于了解草地生态系统结构与功能具有重要意义。

第一节 研究区概况

研究区地处四川阿坝藏族羌族自治州红原县境内，四川省西北部，青藏高原东缘，地理坐标为北纬 31°51′~33°19′、东经 101°51′~103°23′。境域分属长江、黄河两大水系，地势为东南向西北倾斜，地貌具有山原向丘状高原过渡的典型特征，平均海拔 3 400 m 以上。气候属大陆性高原寒温带季风气候，夏季（5—10月）温暖湿润，冬季（11月至翌年4月）寒冷干燥多风；年均降水量 647~753 mm，大部分降水发生在 5—9 月，年平均气温为 0.7~1.1 ℃，最冷月平均气温-10.3 ℃，最热月平均气温 10.9 ℃，年均积雪期为 76 d，无绝对的无霜期，年平均风速为 1.6~2.4 m/s。日照时间长，太阳辐射强，年均日照时间 2 158.7 h，太阳辐射年总量为 6 194 MJ/m²。土地利用现状以草地为主，也有较大面积的沼泽地和沙化地分布，其中沙化土地总面积约为 6 915 hm²，主要分布于邛溪镇和瓦切乡境内。土壤类型以亚高山草甸土为主，沼泽土、沼泽化草甸土和风沙土等也均匀分布（雍国玮等，2004）。植被以华扁穗草（*Blysmus sinocom-*

pressus）、垂穗披碱草（*Elymus nutans*）、线叶蒿草（*Artemisia subulata*）、赖草（*Leymus secalinus*）、淡黄香青（*Anaphalis flavescens*）、四川蒿草（*Kobresia setchwanensis*）、白花前胡（*Peucedanum pracruptorum*）、草玉梅（*Anemone rivularis*）、黑穗薹草（*Carex atrata*）、沙生薹草（*Carex praeclara*）、木里薹草（*Carex muliensis*）、细叶亚菊（*Ajania tenuifolia*）、肉果草（*Lancea tibetica*）等为主，植被组合以亚高山草甸为主，沼泽草甸与沼泽植被较为发达，植物群落外貌鲜艳，富有季相之变化。自 20 世纪 70 年代以来，由于全球气候变化、过度放牧、草原鼠害等自然和人为因素影响，该区高寒草地退化严重，局部区域出现了草地沙化和荒漠化，严重影响了该地区经济的可持续发展。

第二节　研究方法

一、试验设计

通过对红原县高寒草地的长期实地勘察，了解红原县沙化土地分布情况。本研究在沙化土地面积较多，分布较为集中的瓦切乡选择调查采样点。参照前人研究（朱震达等，1994；Zhou R L 等，2008），选择不同程度的沙化草地作为研究对象，分别为未沙化草地（Non-desertification grassland，CTRL）、轻度沙化草地（Light-desertification grassland，LDG）、中度沙化草地（Medium-desertification grassland，MDG）、严重沙化草地（Heavy-desertified grassland，HDG）和极重度沙化草地（Severe-desertification grassland，SDG）。在野外调查的基础上，5 种沙化类型草地均选择 3 处地形和土壤母质一致的样地作为重复，每个样地内均选取 3 个面积大小为 1 m×1 m 的样方用于开展试验。

二、样品采集与处理

通过实地勘察，于 2013 年 7 月在红原县沙化土地分布多而集中的瓦切乡选择采样点。在 5 种沙化类型草地均选择 3 处地形和土壤母质一致的样地作为重复，每个样地内均选取 1 个面积大小为 1 m×1 m 的样方，利用 GPS 定位各样方的经纬度信息和高程信息，实地调查记录植被的种类、数量、高度、盖度用于植被信息调查，并采用 GPS 定位样方的经纬度信息和高程信息（表 3-1）。采用齐地面刈割法和挖掘法分别采集生物量样品，用于测定植被地上生物量和地下生物量。研究区典型样方照片如图 3-1 所示。

表 3-1　草地的样方信息

编号	沙化程度	地理位置	海拔（m）	坡度（°）	地表植覆盖	沙化现状
1		E102°37′04.36″, N33°10′55.23″	3 458	6		
2	未沙化	E102°37′06.68″, N33°10′54.74″	3 458	8	平均盖度 90% 以上, 物种丰富度	无沙化现象, 表层枯枝落叶较多
3		E102°35′44.01″, N33°15′41.59″	3 458	6		
4		E102°37′06.44″, N33°10′55.12″	3 458	7		
5	轻度沙化	E102°37′07.84″, N33°10′55.04″	3 458	6	平均盖度 60% ~ 75%；物种丰富度较高	无明显沙化现象, 表层枯枝落叶明显减少, 部分土壤裸露
6		E102°35′54.01″, N33°10′41.59″	3 458	6		
7		E102°37′08.21″, N33°10′54.65″	3 458	5		
8	中度沙化	E102°37′07.19″, N33°10′50.46″	3 457	9	平均盖度 40% ~ 50%, 物种丰富度相对较	沙化明显, 表层枯枝落叶明显减少, 形成典型的露沙草地
9		E102°36′04.34″, N33°11′12.88″	3 459	7		
10		E102°37′09.63″, N33°10′54.59″	3 458	7		
11	重度沙化	E102°38′07.44″, N33°10′50.13″	3 459	8	平均盖度 20% ~ 35%, 物种丰富度较低	沙化严重, 表层沙粒大量增加, 枯枝落叶数量极少
12		E102°35′58.59″, N33°11′10.14″	3 459	8		
13		E102°37′10.36″, N33°10′53.47″	3 458	6		
14	极重度沙化	E102°37′08.72″, N33°10′49.82″	3 458	6	平均盖度低于 10%, 物种丰富度最低	土壤完全沙化, 表层无枯枝落叶
15		E102°36′01.86″, N33°11′10.42″	3 460	8		

三、样品的测定方法

实地调查地表植被的物种类型、数量，计算物种丰富，用钢尺测定植物的高度，用目估法测定地表植被盖度。在 65 ℃ 条件下将地上、地下植物样品烘干，并利用称重法得到地下、地上生物量。

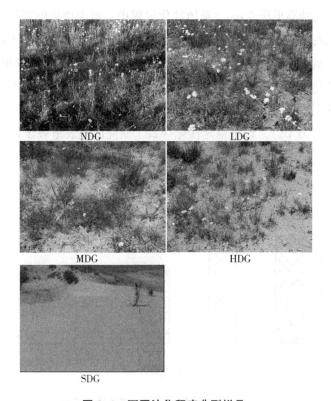

图 3-1　不同沙化程度典型样品

（注：NDG 为未沙化草地，LDG 为轻度沙化草地，MDG 为中度沙化草
地、HDG 为重度沙化草地、SDG 为极重度沙化草地）

四、数据处理

利用 Excel 2003 软件对数据预处理与图表绘制。利用 SPSS 17.0 软件进行数据分析，对不同退化草地地表植被群落特征的差异比较采用单因素方差分析（one way ANOVA），不同处理间的差异显著性校验采用最小显著性差异法 LSD（Least-Significant Difference）法。

第三节　结果与分析

一、不同沙化程度草地地表植被群落盖度及高度的变化特征

研究区内不同程度沙化草地地表植物群落外貌变化极其明显。其中，未沙化

草地群落盖度达95%以上，植被平均高度近25 cm，而极重度沙化群落盖度不足10%，植被平均株高低于7 cm。草地沙化进程中，地表植被群落盖度和平均高度呈现逐渐降低的变化特征，与未沙化草地相比，轻度沙化、中度沙化、重度沙化和极重度沙化的群落盖度分别降低了19.51%、54.60%、76.85%和94.57%，平均株高分别降低了17.85%、33.68%、55.93%和71.68%（图3-2、图3-3）。方差分析结果表明，不同程度沙化草地之间地表群落盖度和植被平均高度差异均达极显著水平（$P<0.01$），说明草地沙化导致了研究区地表植被显著退化。

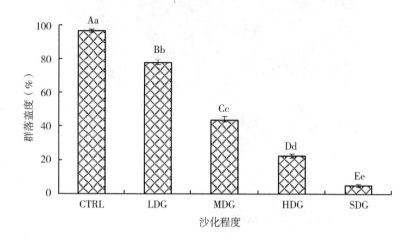

图3-2 不同沙化程度植物群落盖度特征

（注：CTRL：未沙化样地；LDG：轻度沙化样地；MDG：中度沙化样地；HDG：重度沙化草地；SDG：极重度沙化草地。不同小写字母代表处理间显著水平为0.05，不同大写字母代表处理间显著水平为0.01，相同字母代表处理之间者差异不显著，字母不同则显著。下同）

二、不同沙化程度草地地表植被生物量的变化特征

生物量是指单位面积植物积累物质的数量（干重），通常以 kg/hm² 、g/m² 或能量 kJ/m² 表示。植物生物量对生态系统的结构和功能形成具有十分重要的作用，是生态系统的功能指标和获取能量能力的集中表现。研究表明，研究区内不同程度沙化草地生物量差异明显。其中，未沙化草地地上生物量和地下生物量均为最大，分别为223.81 g/m² 和1 590.74 g/m²；极重度沙化草地地上生物量和地下生物量均为最小，分别仅为18.39 g/m² 和85.14 g/m²。随着沙化进程，地表生物量和地下生物量均呈逐渐降低的变化特征，与未沙化草地相比，轻度沙化、中

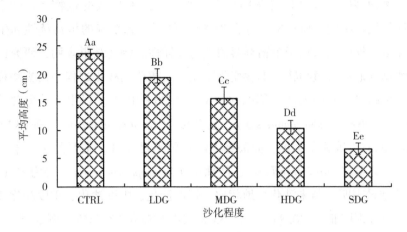

图3-3 不同沙化程度植物群落高度特征

度沙化、重度沙化和极重度沙化草地地上生物量分别降低了12.95%、40.60%、76.53%和91.78%，地下生物量分别降低了21.44%、44.00%、83.41%和94.65%（图3-4）。方差分析结果表明，不同程度沙化草地地上生物量和地下生物量差异均达极显著水平（$P<0.01$），表明草地沙化导致了研究区地表植被生物量均显著降低。

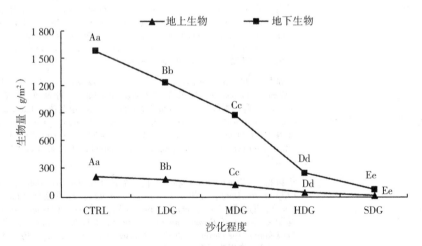

图3-4 不同程度沙化草地生物量特征

三、不同沙化程度草地地表物种丰度的变化特征

生物多样性是人类赖以生存和发展的基础，包含3个不同的层次：生态系统

多样性、物种多样性和遗传（基因）多样性。在所有层次的生物多样性中，物种多样性是最基本的（Shu X Y 等，2015）。草原生态系统的可持续性和生产力的维持在很大程度上依赖于植物群落的生物多样性。调查结果表明，研究区内不同程度沙化草地地表植物物种丰度变化明显，高寒草地沙化过程中植物物种数量呈逐步减少趋势，其中未沙化草地物种丰度达 20 种以上，以牛、羊喜食性较高的华扁穗（*Blysmus sinocompressas*）、老芒麦（*Elymus sibiricus*）、垂穗披碱草（*Elymus nutans*）等牧草为主，而极重度沙化则不足 5 种，主要是牛、羊喜食性较差的沙生薹草（*Carex praeclara*）、沙棘豆（*Oxytropis racemosa*）等为主（表3-2）。统计结果表明，与未沙化草地相比，轻度沙化、中度沙化、重度沙化和极重度沙化草地分别降低了 20.83%、33.33%、54.17% 和 83.33%（图3-5）。方差分析结果表明，不同程度沙化草地地表物种丰度之间达极显著差异水平（$P < 0.01$），表明草地沙化导致研究区地表植被物种显著降低。

表3-2　不同程度沙化草地样方植被调查

沙化程度	物种数（种）	主要物种
未沙化	21~28	华扁穗（*Blysmus sinocompressus*），赖草（*Leymus secalinus*），老芒麦（*Elymus sibiricus*），木里薹草（*Carex muliensis*），肉果草（*Lancea tibetica*），野胡萝卜（*Daucus carota*），翻白委陵菜（*Potentilla discolor*），条叶银莲花（*Anemone coelestina*），沙生薹草（*Carex praeclara*），毛果婆婆纳（*Veronica eriogyne*），沙棘豆（*Oxytropis racemosa*），垂穗披碱草（*Elymus nutans*），堇菜（*Viola arcuata*），蓝翠雀（*Delphinium caeruleum*），酸模（*Rumex acetosa*），问荆（*Equisetum arvense*），草玉梅（*Anemone rivularis*），木里薹（*Carex muliensis*），乳白香青（*Anaphalis lactea*），米口袋（*Gueldenstaedtia verna*）
轻度沙化	18~22	华扁穗（*Blysmus sinocompressus*），赖草（*Leymus secalinus*），老芒麦（*Elymus sibiricus*），肉果草（*Lancea tibetica*），野胡萝卜（*Daucus carota*），翻白委陵菜（*Potentilla discolor*），条叶银莲花（*Anemone coelestina*），沙生薹草（*Carex praeclara*），沙棘豆（*Oxytropis racemosa*），垂穗披碱草（*Elymus nutans*），蓝翠雀（*Delphinium caeruleum*），酸模（*Anemone rivularis*），问荆（*Equisetum arvense*），米口袋（*Gueldenstaedtia verna*）
中度沙化	14~17	华扁穗（*Blysmus sinocompressus*），赖草（*Leymus secalinus*），老芒麦（*Elymus sibiricus*），野胡萝卜（*Daucus carota*），沙生薹草（*Carex praeclara*），毛果婆婆纳（*Veronica eriogyne*），沙棘豆（*Oxytropis racemosa*），垂穗披碱草（*Elymus nutans*），堇菜（*Viola arcuata*），蓝翠雀（*Delphinium caeruleum*），问荆（*Equisetum arvense*），草玉梅（*Anemone rivularis*），木里薹（*Carex muliensis*）
重度沙化	9~13	赖草（*Leymus secalinus*），华扁穗（*Blysmus sinocompressus*），肉果草（*Lancea tibetica*），野胡萝卜（*Daucus carota*），沙生薹草（*Carex praeclara*），沙棘豆（*Oxytropis racemosa*），垂穗披碱草（*Elymus nutans*），茼蒿（*Glebionis coronaria*）

（续表）

沙化程度	物种数（种）	主要物种
极重度沙化	3~5	沙生薹草（*Carex praeclara*），沙棘豆（*Oxytropis racemosa*），垂穗披碱草（*Elymus nutans*），问荆（*Equisetum arvense*），木里薹（*Carex muliensis*）

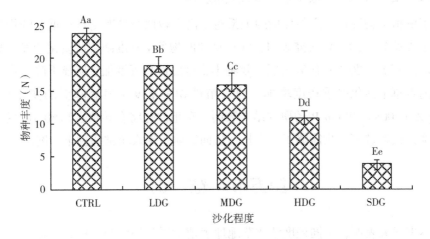

图3-5 不同程度沙化草地物种丰富度变化情况

第四节 讨 论

一、草地沙化对植被群落特征的影响

植被是草原生态系统中的重要组成部分，它既是维持草地生态系统生产力的碳源，更是指示草原生态系统的健康程度。草地沙化是草地退化最严重的形式之一，紧密地影响着地表植被状况。植被生物量作为草地生态系统中的重要组成部分，其变化对草地生态系统结构与功能有重要影响。地下生物量作为草地植被碳储积重要组成部分，是连接地下与地上生态系统过程的主要纽带。金云翔等（2013）研究表明，随着退化程度加深，草地总覆盖度、地下生物量及分布、土壤温度、含水量有明显变化，其中生物量在不同土层均有大幅降低。赵玉红等（2012）研究表明，沙化程度加剧对群落内物种个体生物量大小与生物量分配有显著影响。卢虎等（2015）研究发现，随草地退化程度加重，植被群落盖度、高度及地上生物量显著降低。

本研究中，随着草地沙化严重程度增加，地表植被盖度、地上生物量和地下生物量均呈显著降低的变化特征，这与以上研究具有一致性。这是由于草地沙化伴随着土壤肥力和生产力的降低，使得土壤养分供给能力下降，进而影响地表植被盖度和生物量大小。

二、草地沙化对植被物种丰度的影响

了解植被物种丰富度与环境的关系对于高寒沙地植被恢复具有重要的指导意义。宁志英等（2019）研究表明，沙化草地的物种丰富度随着沙漠化的发展显著降低。万婷等（2013）研究表明，物种丰富度随沙化程度加重明显下降。本研究中，随着草地沙化严重程度增加，地表植被物种丰度呈显著降低的变化特征。Qiong Z（2008）和 Liu R 的研究结果表明，草地沙化将会导致喜肥植物数量和种类下降，仅耐贫瘠植物能够正常生长，从而影响了地表植被物种丰富度。

第五节　结　论

本书研究表明，不同程度沙化草地地表植物群落外貌变化极其明显，主要表现为随草地沙化程度加剧，地表植被群落盖度和平均高度均呈逐渐降低的变化特征。其中，未沙化草地的群落盖度达95%以上，植被平均高度近25 cm，而极重度沙化群落盖度不足10%，植被平均株高低于7 cm。与未沙化草地相比，轻度沙化、中度沙化、重度沙化和极重度沙化的群落盖度分别降低了19.51%、54.60%、76.85%和94.57%，平均株高分别降低了17.85%、33.68%、55.93%和71.68%（图3-2、图3-3）。在这之中，极重度沙化草地的变化最为明显。

高寒草地沙地导致了植被生物量发生较大变化，主要表现为地表生物量和地下生物量均呈显著降低，与未沙化草地相比，轻度沙化、中度沙化、重度沙化和极重度沙化草地地上生物量分别降低了12.95%、40.60%、76.53%和91.78%，地下生物量分别降低了21.44%、44.00%、83.41%和94.65%。其中极重度沙化草地植被生物量变化最为明显。随着沙化程度加剧，各种沙化草地地表生物量和地下生物量均呈现降低趋势。

川西北草地沙化导致地表物种丰富度显著降低，与未沙化草地相比，轻度沙化、中度沙化、重度沙化和极重度沙化草地分别降低了20.83%、33.33%、54.17%和83.33%。其中极重度沙化草地的地表物种丰度变化最为明显。随着沙化程度加剧，各种沙化草地地表物种丰富度呈现降低趋势。

参考文献

金云翔，徐斌，杨秀春，等，2013.不同沙化程度草原地下生物量及其环境因素特征 [J]. 草业学报，22（5）：44-51.

卢虎，姚拓，李建宏，2015.高寒地区不同退化草地植被和土壤微生物特性及其相关性研究 [J]. 草业学报，24（5）：34-43.

万婷，涂卫国，席欢，等，2013.川西北不同程度沙化草地植被和土壤特征研究 [J]. 草地学报，21（4）：650-657.

王信建，林琼，戴晟懋，2008.四川西北部土地沙化情况考察 [J]. 林业资源管理（6）：16-20.

雍国玮，石承苍，邱鹏飞，2004.川西北高原若尔盖草地沙化及湿地萎缩动态遥感监测 [J]. 山地学报，21（6）：758-762.

赵玉红，魏学红，苗彦军，等，2012.藏北高寒草甸不同退化阶段植物群落特征及其繁殖分配研究 [J]. 草地学报，20（2）：221-228.

朱震达，陈广庭，1994.中国土地沙质荒漠化 [M]. 北京：科学出版社.

AL-KAISI M M, YIN X, LICHT M A, 2005.Soil carbon and nitrogen changes as affected by tillage system and crop biomass in a corn-soybean rotation [J]. Applied Soil Ecology, 30（3）: 174-191.

FORNARA D A, TILMAN D, 2008.Plant functional composition influences rates of soil carbon and nitrogen accumulation [J]. Journal of Ecology, 96（2）: 314-322.

FRANZLUEBBEES A J, 2002. Soil organic matters tratification ratio as an indicator of soil quality [J]. Soiland Tillage Research, 66（2）: 95-106.

HUANG D Q, YU L, ZHANG Y S, et al., 2011.Belowground biomass and its relationship to environmental factors of natural grassland on the northern slopes of the Qilan Mountains [J]. Acta Prataculturae Sinica, 20（5）: 110.

JACOBS A, RONDA R, HOLTSLAG A, 2003.Water vapour and carbon dioxide fluxes over bog vegetation [J]. Agricultural and forest meteorology, 116（1）: 103-112.

JOERGENSEN R G, BROOKES P C, JENKINSON D S, 1990.Survival of the soil microbial biomass at elevated temperatures [J]. Soil Biology and Biochemistry, 22 (8): 1 129-1 136.

LIU R, ZHAO H, ZHAO X, 2011.Desertification impact on macro-invertebrate diversity in grassland soil in Horqin, northern China [J]. Procedia Environmental Sciences, 10: 1 401-1 409.

QIONG Z, DE-HUI Z, ZHI-PING F, et al., 2008.Effect of land cover change on soil Phosphorus Fractions in southe Astern horqins and land, Northern China [J]. Pedosphere, 18 (6): 741-748.

REN S L, SHU-HUA Y I, CHEN J J, et al., 2013. Responses of green fractional vegetation cover of alpine grassland to climate warming and human activities [J]. Pratacultural Science, 30 (4): 506-514.

SHU X Y, HU Y F, JIANG S L, et al., 2015.Influences of grassland desertification on soil particles composition and soil phosphorus and potassium nutrients in northwestern Sichuan [J]. Journal of Arid Land Resources and Environment, 29 (8): 173-179.

ZHOU R L, LI Y Q, ZHAO H L, et al., 2008.Desertification effects on C and N content of sandy soils under grassland in Horqin, northern China [J]. Geoderma, 145 (3): 370-375.

第四章　川西北高寒草地沙化对土壤基础理化性质的影响

土壤基础理化性质反映了土壤质量的基本情况，其主要包括土壤机械组成、pH 值、温度、水分以及养分含量等指标。土壤颗粒组成是影响土壤质量的重要因素，与土壤的其他性质密切相关。土壤酸碱性（pH 值）是土壤重要的化学性质，酸性或碱性物质的输入会导致土壤物理过程、化学过程及生物学过程发生改变，进而影响土壤肥力。土壤温度也影响着土壤中的物理、化学和生物过程，其中包括各种化学反应、土壤有机质和氮素的积累，以及水、汽的运动。土壤含水量是指土壤中所含有水分的数量，是表征土壤物理学特性的重要参数之一，也是植物生长的主要限制因子。土壤磷素和钾素是植物生长必需的两大矿质营养元素，其在土壤中的含量及有效性是土壤肥力和生态功能的重要指标。土壤磷素和钾素对土壤母质具有较强的继承性，在无外源施肥的条件下，土壤中可被植物吸收的磷和钾主要来源于土壤矿物的矿化分解。目前，川西北高寒草地退化严重，导致成片草地沙化，这严重影响了该地区土壤质量状况，同时也限制了生态环境屏障的作用的发挥。因此，为了弄清川西北高寒草原草地沙化过程中土壤基础理化性质的变化，本研究针对草地沙化过程中土壤颗粒组成、pH 值、温度、含水量，以及土壤磷、钾元素的变化特征进行了深入了解，有助于揭示沙化对川西北草地生态环境效应及影响过程。

第一节　研究区概况

研究区概况同第三章第一节。

第二节　研究方法

一、样品的采集与处理

通过实地勘察，在红原县沙化土地分布多而集中的瓦切乡选择采样点。5 种沙化类型草地均选择 3 处地形和土壤母质一致的样地作为重复，每个样地内均选取 1 个面积大小为 1 m×1 m 的样方用于土壤样品采集，并利用土壤水分温度测量仪测定土壤的水分含量和温度。在选定样方内分别采集 0～20 cm、20～40 cm、40～60 cm、60～80 cm 和 80～100 cm 土壤样品，去除杂物、植物根系、凋落物等。土壤样品于室内风干，分别过 100 目筛和 10 目筛，保存于密封袋内，用于土壤颗粒组成、pH 值、阳离子交换量、全磷、速效磷、全钾和速效钾的测定。另外，利用环刀和铝盒采集土壤，带回实验室以便测定土壤水分含量。本实验样品采集时间为 2013 年 7 月。

二、样品的测定方法

土壤颗粒组成采用比重法测定，土壤粒级分类采用国际制土壤质地分级标准。

土壤水分采用烘干法测定，土壤温度采用土壤水分温度测量仪测定，土壤 pH 值采用电位测定法测定，土壤阳离子交换量采用乙酸铵交换法测定，土壤全磷采用碱融—钼锑抗比色法测定，速效磷采用 0.5 mol/L 碳酸氢钠法测定，土壤全钾、速效钾采用 NH_4AC-火焰光度计法测定。

三、数据处理

利用 Excel 2003 进行数据预处理与图表绘制。利用 SPSS 17.0 软件进行数据分析，对不同退化草地土壤基础理化性质的差异比较采用单因素方差分析（one way ANOVA）法，不同处理间的差异显著性校验采用最小显著性差异法 LSD（Least-Significant Difference）法。

第三节　结果与分析

一、不同沙化程度草地土壤颗粒组成的变化特征

土壤颗粒组成是土壤质地和结构的重要表征，而沙漠化的核心问题是土壤颗

粒的粗大化（Al-kaisi M M 等，2005）。研究区草地沙化主要表现为草地土壤沙化，随着沙化程度的加剧，草地土壤沙化现象日趋严重，研究结果表明，随草地沙化程度的加剧，0～100 cm 土层土壤颗粒组成变化明显，整体呈现出沙粒（0.02～2 mm）含量增加，粉粒（0.002～0.02 mm）、黏粒（<0.002 mm）含量减少的变化特征，其中极重度沙化阶段较未沙化阶段沙粒含量增加了10.49%，粉粒和黏粒含量分别减少了78.43%和60.59%。其中，0～20 cm 土层土壤的颗粒组成变化最为明显，极重度沙化草地较未沙化草地土壤沙粒含量增加了28.15%，粉粒和黏粒含量分别减少了87.57%和75.82%。方差分析表明，0～20 cm 土层不同沙化程度草地的沙粒、粉粒和黏粒含量的差异均达到极显著差异水平（$P<0.01$）。20～40 cm 土层土壤的颗粒组成变化较为明显，极重度沙化草地较未沙化草地土壤沙粒含量增加14.39%，粉粒和黏粒含量分别减少了82.96%和65.73%。方差分析结果表明，20～40 cm 土层不同沙化程度草地的沙粒、粉粒含量的差异均达到极显著差异水平（$P<0.01$），而黏粒含量的差异达显著差异水平（$P<0.05$）。随着土层深度的增加，不同沙化程度草地土壤颗粒组成之间的差异性逐渐减小，其中，40～60 cm 土层沙粒、粉粒和黏粒含量的差异均仅达显著水平（$P<0.05$），相对于未沙化草地，极重度沙化草地沙粒、粉粒和黏粒含量分别降低了6.67%、68.10%和57.30%。不同沙化程度草地在60～80 cm 和80～100 cm 土层土壤颗粒组成之间差异均较小，仅60～80 cm 土层的粉粒含量的差异达显著水平（$P<0.05$），而沙粒和黏粒含量的差异未达显著水平，80～100 cm 土层沙粒、粉粒和黏粒含量的差异均未达显著水平。表明草地沙化对土壤0～60 cm 土层的颗粒组成均有较大影响，其中0～20 cm 土层影响最大，而对60～100 cm 土层影响较小（表4-1）。

表4-1　不同沙化程度草地的土壤颗粒组成　　（%）

土层深度（cm）	未沙化	轻度沙化	中度沙化	重度沙化	极重度沙化
		沙粒含量（0.02～2 mm）			
0～20	74.78±6.85dD	85.80±5.72cC	90.20±2.62bB	93.49±4.75aA	95.83±2.37aA
20～40	84.27±3.24cB	90.60±2.99bA	93.57±4.17abA	95.47±1.36aA	96.40±4.20aA
40～60	90.44±3.56c	93.40±5.22b	94.80±2.25a	95.77±2.27a	96.47±2.23a
60～80	92.67±0.89b	94.56±2.45a	95.29±1.82a	96.01±3.36a	96.52±1.75a
80～100	94.12±3.07a	94.72±1.43a	95.68±0.97a	96.36±1.63a	96.81±2.58a
均值	87.26±3.52b	91.82±3.56ab	93.91±2.37a	95.42±2.67a	96.41±2.63a

（续表）

土层深度（cm）	未沙化	轻度沙化	中度沙化	重度沙化	极重度沙化
粉粒含量（0.002~0.02 mm）					
0~20	16.41±1.71aA	8.66±0.81bB	5.10±1.95cC	3.04±0.60dD	2.04±0.40dD
20~40	10.39±0.88aA	5.93±1.40bB	3.73±0.53cB	2.30±0.87cB	1.77±0.47dC
40~60	5.11±1.42a	2.90±0.74b	2.40±1.03b	2.03±1.25bc	1.63±0.23c
60~80	4.72±1.02a	3.24±0.48ab	2.26±0.65b	2.06±0.61b	1.60±0.21b
80~100	3.46±0.36a	2.83±0.42a	2.28±0.73a	1.86±0.87a	1.62±0.43a
均值	8.02±1.08a	4.71±0.77b	3.15±0.98b	2.26±0.84bc	1.73±0.35c
黏粒含量（<0.002 mm）					
0~20	8.81±1.32aA	5.54±0.71bB	4.7±1.66cB	3.47±1.09dC	2.13±1.06dC
20~40	5.34±0.67aA	3.47±0.61bB	2.70±1.20bcC	2.23±1.00cC	1.83±0.29cC
40~60	4.45±0.92a	3.70±0.60b	2.80±0.64c	2.20±0.35cd	1.90±1.01d
60~80	2.61±0.84a	2.20±0.74a	2.45±0.46a	1.93±0.23ab	1.88±0.29b
80~100	2.42±0.27a	2.45±0.37a	2.04±0.13a	1.78±0.46a	1.57±0.18a
均值	4.72±0.76a	3.47±0.61a	2.94±0.82b	2.32±0.63b	1.86±0.57b

注：多重比较采用最小显著性差异（LSD）法，同一土层不同沙化程度之间不同大写字母表示在 $P<0.01$ 水平下差异显著，不同小写字母表示在 $P<0.05$ 水平下差异显著。下同。

二、不同沙化程度草地土壤的水分、温度的变化特征

统计分析结果表明，随着草地沙化程度的加剧，0~100 cm 土层土壤含水量整体呈现降低的变化特征，极重度沙化阶段较未沙化阶段土壤含水量下降了24%。其中，0~20 cm 土层变化显著，极重度沙化草地较未沙化草地下降了52.63%。方差分析结果表明，0~20 cm 土层不同沙化程度草地之间土壤含水量差异达显著水平（$P<0.05$）；随着土层深度增加，土壤含水量随草地沙化程度加剧而降低的幅度减小，在60~80 cm 土层呈现出含水量增加的趋势，相比于未沙化地，极重度沙化地土壤含水量增加了27.42%。方差分析结果表明，不同沙化草地20~40 cm、40~60 cm、60~80 cm 和 80~100 cm 土层土壤含水量差异均未达显著水平（表4-2）。在土层剖面上，0~20 cm 土层土壤含水量均高于20~40 cm、40~60 cm、60~80 cm 和 80~100 cm 土层。

表4-2 不同沙化程度草地的土壤含水量 （%）

土层深度（cm）	未沙化	轻度沙化	中度沙化	重度沙化	极重度沙化
0~20	12.03±2.72aA	7.80±2.71bA	9.07±1.25abA	7.10±0.96bB	5.70±0.26bB
20~40	6.60±2.19a	5.87±1.27a	7.20±4.12a	5.03±1.68a	4.47±0.45a
40~60	4.97±2.80a	4.93±0.49a	5.87±1.85a	5.33±0.90a	4.83±0.06a
60~80	4.13±2.87a	4.57±0.35a	4.40±1.35a	5.57±1.21a	5.27±1.72a
80~100	6.03±2.75a	5.63±0.87a	8.73±2.66a	5.47±1.42a	5.40±2.62a
均值	6.75	5.76	7.05	5.70	5.13

统计分析结果表明，随着草地沙化程度加剧，0~100 cm 土层土壤温度整体呈现降低的变化特征，极重度沙化阶段较未沙化阶段土壤温度下降了6%。其中，40~60 cm 土层变化显著，极重度沙化草地较未沙化草地下降了5.45%。方差分析结果表明，不同沙化草地 0~20 cm、20~40 cm、60~80 cm 和 80~100 cm 土层土壤温度差异均未达显著水平（表4-3）。在土层剖面上，0~20 cm 土层土壤含水量均高于 20~40 cm、40~60 cm、60~80 cm 和 80~100 cm 土层，整体上随着土层深度的增加，土壤温度呈现下降趋势。

表4-3 不同沙化程度草地的土壤温度 （℃）

土层深度（cm）	未沙化	轻度沙化	中度沙化	重度沙化	极重度沙化
0~20	19.53±1.76a	19.30±2.69a	18.93±1.79a	19.67±3.09a	17.97±3.32a
20~40	16.53±0.45a	16.47±1.17a	15.73±0.64a	16.07±0.86a	15.20±0.79a
40~60	15.23±0.32a	14.80±0.20ab	14.73±0.25ab	14.67±0.21ab	14.40±0.52b
60~80	14.33±0.31a	14.13±0.40a	14.13±0.47a	13.83±0.25a	13.83±0.29a
80~100	13.57±0.06a	14.03±0.93a	13.30±0.61a	13.47±0.57a	13.07±0.50a
均值	15.84	15.75	15.37	15.54	14.89

三、不同沙化程度草地土壤磷素的变化特征

（一）不同沙化程度草地土壤全磷的变化特征

统计分析结果表明，0~100 cm 土层不同沙化程度草地之间土壤全磷变化较小，随着草地沙化程度加剧，土壤全磷含量呈现降低的变化特征，极重度沙化阶段较未沙化阶段全磷含量下降了 14.58%。其中，0~20 cm 土层变化相对较为明显，极重度沙化草地较未沙化草地下降了 22.64%。随着土层深度增加，土壤全

— 65 —

磷含量随草地沙化程度加剧而降低的幅度减小，其中 60~80 cm 和 80~100 cm 土层降低幅度较小，极重度沙化草地较未沙化草地仅分别下降了 8.70% 和 11.11%。方差分析结果表明，不同沙化草地 20~40 cm、40~60 cm、60~80 cm 和 80~100 cm 土层土壤全磷含量差异均未达显著水平（表 4-4）。其原因是土壤磷素是土壤中的矿质营养元素，在无外源施肥条件下，土壤全磷主要来源于土壤母质以及大气沉降。0~20 cm 土层土壤全磷含量变化相对明显，可能与地表植物对土壤磷素的生物表聚作用有关。在土层剖面上，未沙化草地和轻度沙化草地 0~20 cm 土层土壤全磷含量高于 20~40 cm、40~60 cm、60~80 cm 和 80~100 cm 土层，这可能与地表植物对土壤磷素的生物表聚作用有关。

表 4-4　不同沙化程度草地的土壤全磷含量　　　　　　（g/kg）

土层深度（cm）	未沙化	轻度沙化	中度沙化	重度沙化	极重度沙化
0~20	0.53±0.11a	0.49±0.31a	0.46±0.02a	0.44±0.14a	0.41±0.04b
20~40	0.48±0.14a	0.45±0.03a	0.42±0.01a	0.44±0.05a	0.40±0.07a
40~60	0.46±0.08a	0.44±0.11a	0.34±0.06a	0.39±0.07a	0.41±0.06a
60~80	0.46±0.03a	0.44±0.06a	0.43±0.04a	0.43±0.07a	0.42±0.03a
80~100	0.45±0.05a	0.45±0.08a	0.44±0.07a	0.43±0.09a	0.40±0.01a
均值	0.48	0.45	0.42	0.43	0.41

（二）不同沙化程度草地土壤速效磷的变化特征

随着沙化程度加剧，0~100 cm 土层土壤速效磷整体呈现逐步降低的趋势，极重度沙化阶段较未沙化阶段速效磷含量下降了 33.93%。其中，0~20 cm 土层土壤变化最为明显，轻度沙化、中度沙化、重度沙化和极重度沙化草地较未沙化草地分别降低了 20.62%、39.56%、45.91% 和 52.79%（表 4-5），据方差分析，不同沙化程度草地速效磷含量差异达到极显著差异水平（$P<0.01$），其中，未沙化草地极显著高于轻度沙化草地，未沙化草地和轻度沙化草地极显著高于中度沙化草地、重度沙化草地和极重度沙化草地，中度沙化草地显著高于极重度沙化草地，而中度沙化草地与重度沙化草地之间和重度沙化草地和极重度沙化草地之间的差异未达显著水平。20~40 cm 土层土壤速效磷含量变化较为明显，不同沙化程度草地之间的差异达极显著水平（$P<0.01$），极重度沙化草地较未沙化草地降低了 33.66%。60~80 cm 和 80~100 cm 土层土壤速效磷含量变化不明显，不同沙化程度草地之间的差异均未达显著水平；随着土层深度增加，土壤速效磷呈现降

低的变化特征，未沙化、轻度沙化、中度沙化、重度沙化和极重度沙化草地降幅分别达 55.12%、41.01%、22.32%、15.59% 和 21.70%（表 4-5）。表明随着草地沙化程度加剧，土壤表层与下层之间速效磷含量的差异逐渐减小。其原因可能是表层土壤植被减少，枯枝落叶层变薄，使得土壤速效磷在风蚀和雨水冲刷下流失严重。

表 4-5　不同沙化程度草地的土壤速效磷含量　　　（mg/kg）

土层深度（cm）	未沙化	轻度沙化	中度沙化	重度沙化	极重度沙化
0~20	7.71±0.82aA	6.12±0.79bB	4.66±0.44cC	4.17±0.02cdC	3.64±0.22dC
20~40	5.11±0.21aA	4.04±0.13bB	3.75±0.28bB	3.47±0.01bB	3.39±0.31bB
40~60	4.84±0.31a	4.26±0.48a	3.67±0.33b	3.37±0.51b	3.42±0.38b
60~80	3.93±0.14a	3.71±0.35a	3.45±0.31a	3.11±0.24a	3.25±0.33a
80~100	3.46±0.23a	3.61±0.29a	3.62±0.28a	3.52±0.09a	2.85±0.22a
均值	5.01	4.35	3.83	3.53	3.31

四、不同沙化程度草地土壤钾素的变化特征

（一）不同沙化程度草地土壤全钾的变化特征

分析结果表明，0~100 cm 土层不同程度沙化草地之间土壤全钾含量差异不明显，随着沙化程度的加剧，土壤全钾含量较小幅度的降低，极重度沙化阶段较未沙化阶段全钾含量下降了 5.86%。其中 0~20 cm 土层变化最为明显，极重度沙化草地较未沙化草地土壤全钾含量下降了 4.97%。方差分析结果表明，不同沙化程度草地 0~20 cm、20~40 cm、40~60 cm、60~80 cm、80~100 cm 土层之间的土壤全钾含量均无显著差异，表明草地沙化对土壤全钾含量影响较小（表 4-6）。其原因是土壤对母质的继承，在无外源施肥条件下，土壤中全钾主要来源于成土母质中的含钾矿物。随着土层深度增加，土壤全钾含量略有降低，其中未沙化草地表现相对最为明显。随着沙化程度的加剧，土壤表层中的全钾含量有明显降低，其原因可能是沙化程度的加剧导致土壤表层植被减少，从而对土壤中全钾养分的生物表聚作用减弱，导致全钾养分流失严重。

表4-6 不同沙化程度草地的土壤全钾含量 （g/kg）

土层深度（cm）	未沙化	轻度沙化	中度沙化	重度沙化	极重度沙化
0~20	23.13±1.47a	22.86±2.53a	22.71±1.78a	22.78±1.96a	21.98±2.74a
20~40	23.41±2.61a	22.43±1.06a	22.15±1.54a	21.85±1.34a	21.76±2.76a
40~60	22.89±2.21a	23.05±1.84a	21.87±2.33a	22.37±2.67a	20.96±2.01a
60~80	22.14±1.35a	22.81±1.28a	22.42±1.83a	21.68±1.69a	21.27±2.43a
80~100	21.86±2.06a	22.89±1.73a	21.69±1.39a	21.52±2.07a	20.85±1.91a
均值	22.69	22.81	22.17	22.04	21.36

（二）不同沙化程度草地土壤速效钾的变化特征

随着沙化程度的加剧，0~100 cm 土层土壤速效钾含量整体呈现降低趋势，极重度沙化阶段较未沙化阶段速效钾含量下降了62.43%。其中，0~20 cm 土层降低幅度最大，轻度沙化、中度沙化、重度沙化和极重度沙化草地较未沙化草地土壤速效钾含量分别降低了8.32%、38.76%、60.60%和74.29%。方差分析结果表明，不同沙化草地土壤速效钾含量差异达极显著水平，未沙化、轻度沙化草地土壤速效钾含量极显著高于中度沙化、重度沙化和极重度沙化草地，中度沙化、重度沙化草地显著高于极重度沙化草地（$P<0.01$）。未沙化草地与轻度沙化草地土壤速效钾含量差异未达显著水平，中度沙化草地土壤速效钾含量显著高于重度沙化草地和极重度沙化草地，重度沙化草地速效钾含量显著高于极重度沙化草地（$P<0.05$）；20~40 cm 和 40~60 cm 土层土壤速效钾含量变化较明显，极重度沙化草地较未沙化草地分别降低了66.81%和61.05%，方差分析结果表明，不同沙化草地 20~40 cm 和 40~60 cm 土层土壤速效钾含量的差异均达极显著水平（$P<0.01$）。表明草地沙化对 20~40 cm 和 40~60 cm 土层速效钾含量的变化有较大影响；60~80 cm 和 80~100 cm 土层土壤速效钾含量变化相对较小，极重度沙化草地较未沙化草地分别降低了41.65%和30.26%，方差分析结果表明，不同沙化草地 60~80 cm 土层土壤速效钾含量的差异仅达显著水平（$P<0.05$），而 80~100 cm 土层土壤速效钾含量的差异未达显著水平。

随着土层深度的增加，土壤速效钾含量呈现逐渐降低的变化特征，未沙化草地、轻度沙化草地、中度沙化草地、重度沙化草地和极重度沙化草地 80~100 cm 土层土壤速效钾含量较 0~20 cm 土层分别降低了75.12%、75.61%、68.78%、53.48%、32.52%，表明随着草地沙化程度的加剧，表层土壤与下层土壤之间速效钾含量的差异逐渐减小（表4-7）。草地沙化过程中土壤速效钾逐渐降低，其原因是草地沙化过程中，土壤环境恶化，有机质含量降低，导致土壤微生物活性受到抑制，经微生物作用对土壤含钾矿物矿化分解的那一部分有效钾数量减少，因而速效钾含量降低。0~20 cm 土层土壤速效钾变化较下层土壤明显，则是由于草地土壤有机质主要集中在该土层，微生物活性更强，对黏土矿物以及土壤中矿物钾的活化能力相对更强。草地沙化过程中，0~20 cm 土层受风蚀等外界影响明显，直接导致地表枯枝落叶层有所降低，因而其在草地沙化过程中速效钾含量变化最为明显。

表 4-7　不同沙化程度草地的土壤速效钾含量　　　　　　　　（mg/kg）

土层深度（cm）	未沙化	轻度沙化	中度沙化	重度沙化	极重度沙化
0~20	95.92±2.99aA	87.94±2.99aA	58.74±3.13bB	37.79±3.78cBC	24.66±2.17dC
20~40	60.11±3.12aA	48.04±2.79bB	35.08±2.20cBC	22.72±1.91dC	19.95±0.99dC
40~60	42.46±2.71aA	37.18±2.19abA	30.53±3.01bA	18.56±2.81cB	16.54±0.23cB
60~80	27.59±2.21a	22.64±2.23ab	19.95±2.96b	17.98±2.43b	16.10±1.67b
80~100	23.86±1.94a	21.45±2.41a	18.34±2.08a	17.58±1.94a	16.64±0.81a
均值	49.99	43.45	32.53	22.92	18.78

第四节　讨　论

一、草地沙化对土壤物理性质的影响

（一）草地沙化对土壤颗粒组成的影响

随着草地沙化程度的加剧，地表植被凋落物、地下植物根系及分泌物减少，土壤中有机质数量减少，土壤中的有机胶体数量随之减少，导致土壤结构性逐渐降低，土壤受风蚀和雨水冲刷作用加强，土壤中的黏粒和粉粒损失的数量随风蚀和雨水冲刷强度增大而逐渐增多，土壤颗粒中沙粒含量增加，而粉粒和黏粒含量逐渐减少。由于草地0~20 cm 土层是植物凋落物和根系分布最多的区域，草地沙化过程中该土层有机胶体数量减少最多，此外，风蚀及雨水冲刷对于表层土壤影响最大，综合这两方面因素，导致研究区0~20 cm 土层土壤颗粒组成变化最为显著。随着土层深度增加，由于植物根系分布均较少，且风蚀和雨水冲刷对土壤颗粒组成的影响差异较小，不同沙化程度草地之间土壤颗粒组成差异逐渐减小。张继义等（2009）研究表明，土壤颗粒中黏粉粒能改善土壤质地，对土壤—植被系统良性循环和发展有重要影响。在川西北草地沙化过程中，沙粒含量随着沙化程度加剧而显著增加，而其黏粒和粉粒含量明显降低，这与刘朔（2013）和李绍良等（2002）研究结果一致。但川西北高寒地区相对于北方沙化地区的土壤颗粒组成变化更加明显，郑敬刚等研究表明，阿拉善地区流动沙丘沙粒含量为 89.6%，而川西北地区极重度沙化草地土壤表层沙粒含量达 95.83%。其原因可能在该区域草地沙化导致土壤植被覆盖度降低，同时该区域降水量相对丰富，导致该地区同时存在风蚀和雨蚀进一步加速土壤颗粒粗大化。

（二）草地沙化对土壤水分、温度的影响

土壤水分作为土壤—植被—大气连续体的关键因子，对沙化草地的演化过程具有重要作用。土壤水分受土壤质地、成土母质、气候条件、地形地貌、土地利用方式和植被覆盖类型等因素的综合作用，通常在垂直方向和水平方向表现出明显的空间变异。本研究中土壤含水量随着土层深度和草地沙化程度的增加而下降，表现出了明显的垂直方向和水平方向上的空间变异，并且垂直方向上的变化在未沙化土地上尤为明显，这与马丽对红原高寒沙化草地土壤特征的研究结果相似。这是因为土壤含水量显著收到土壤质地的影响，随着草地沙化程度的增加，土壤颗粒变细，土壤保水能力减弱。

土壤温度是土壤环境的重要因素之一，也是土壤热状况的综合表征指标。它直接影响土壤物理的能量交换过程，也影响土壤中化学反应强度。研究结果表明，不同沙化程度草地土壤温度之间无显著变化，其仅在 40~60 cm 土层中极重度沙化和未沙化草地之间呈现出显著差异，同时随着土层深度的增加土壤温度明显下降。韩晓（2013）对巴丹吉林沙漠腹地土壤温度观测及其变化特征的研究表明，土壤温度主要受到太阳直接辐射的强度、海拔高度以及地形地貌影响。然而可能是由于研究区在海拔和地形地貌条件上跨度较小，所以在不同沙化程度草地上，土壤温度之间无显著变化。

二、草地沙化对土壤磷钾的影响

土壤磷钾是地表植被的必需营养元素，其含量及有效含量的高低直接影响着土壤植被的生长状况。本研究中不同沙化程度草地之间土壤全磷变化较小，土壤

速效磷随土层深度加深及草地沙化程度加剧，均呈下降趋势，这与马丽对红原高寒沙化草地土壤特征的研究结果相似。这可能是因为土壤磷主要来自土壤母质，其次为凋落物和地下根系，全磷含量主要受到土壤母质的影响。然而这一时期，土壤地表植被覆盖度降低、枯枝落叶层减少和微生物的降解效率降低，使得土壤磷的有效性迅速下降。相似地，土壤全钾含量变化较小，土壤速效钾含量均呈现下降趋势。这表明，土壤全量养分（全磷和全钾）对草地沙化的响应程度较小，而速效养分对草地沙化的响应较为敏感。

第五节　结　论

川西北草地沙化导致土壤颗粒组成发生较大变化，主要表现为沙粒含量增加，粉粒和黏粒含量减少。0~100 cm 土层，极重度沙化阶段较未沙化阶段沙粒含量增加了 10.49%，粉粒和黏粒含量分别减少了 78.43% 和 60.59%。其中 0~20 cm 土层变化最为明显，极重度沙化草地较未沙化草地土壤沙粒含量增加了 28.15%，粉粒和黏粒含量分别减少了 87.57% 和 75.82%。随着沙化程度的加剧，土壤颗粒呈粗化趋势；随着土层深度的增加，不同沙化程度草地土壤颗粒组成之间的差异性逐渐减小。

川西北草地沙化加剧，使得草地土壤含水量和草地土壤温度均呈降低的变化特征。0~100 cm 土层，极重度沙化阶段较未沙化阶段土壤水分和土壤温度分别下降了 24% 和 6%。土壤含水量在 0~20 cm 土层变化显著，极重度沙化草地较未沙化草地下降了 52.63%；土壤温度在 40~60 cm 土层变化显著，极重度沙化草地较未沙化草地下降了 5.45%。在土层剖面上，0~20 cm 土层土壤含水量和土壤温度均高于其他土层。随着土层深度增加，土壤含水量随草地沙化程度加剧而降低的幅度减小，在 60~80 cm 土层呈现出土壤含水量增加的趋势，相比于未沙化地，极重度沙化地土壤含水量增加了 27.42%；土壤温度则随着土层深度增加，整体呈现下降趋势。

随着川西北草地沙化程度加剧，不同程度沙化草地全磷、全钾含量差异不明显；速效磷、速效钾含量呈现降低趋势。0~100 cm 土层，极重度沙化阶段较未沙化阶段全磷含量、速效磷含量、全钾含量和速效钾含量分别下降了 14.58%、33.93%、5.86% 和 62.43%。其中 0~20 cm 土层变化最为明显，极重度沙化草地较未沙化草地全磷含量、速效磷含量、全钾含量和速效钾含量分别下降了

22，64%、52.79%、4.97%、74.29%。随着土层深度增加，土壤全磷含量、速效磷含量、全钾含量和速效钾含量随草地沙化程度加剧而降低的幅度减小。

参考文献

韩晓，2013.巴丹吉林沙漠腹地土壤温度观测及其变化特征 [D]．兰州：兰州大学．

李绍良，陈有君，2002.土壤退化与草地退化关系的研究 [J]．干旱区资源与环境，16（1）：92-95.

刘朔，陈天文，蔡凡隆，等，2013.川西北高寒草地沙化进程中土壤物理性质的变化：以理塘县为例 [J]．四川林业科技，34（2）：43-47.

马丽，2021.红原高寒沙化草地土壤特征及其与地形因子的关系研究 [D]．绵阳：西南科技大学．

王岩，沈其荣，史瑞和，等，1996.土壤微生物量及其生态效应 [J]．南京农业大学学报（4）：7.

杨永胜，卜崇峰，高国雄，2012.毛乌素沙地生物结皮对土壤温度的影响 [J]．干旱区研究，29（2）：352-359.

张继义，赵哈林，2009.退化沙质草地恢复过程土壤颗粒组成变化对土壤—植被系统稳定性的影响 [J]．生态环境学报，18（4）：1 395-1 401.

赵娜娜，宁宇，马骅，等，2019.若尔盖湿地土壤特性空间变化研究 [J]．水资源与水工程学报，30（1）：232-240.

AL-KAISI M M, YIN X, LICHT M A, 2005.Soil carbon and nitrogen changes as affected by tillage system and crop biomass in a corn-soybean rotation [J]. Applied Soil Ecology, 30（3）：174-191.

JACOBS A, RONDA R, HOLTSLAG A, 2003.Water vapour and carbon dioxide fluxes over bog vegetation [J]. Agricultural and forest meteorology, 116（1）：103-112.

KELLY R H, BURKE I C, LAUENROTH W K, 1996.Soil organic matter and nutrient availability responses to reduced plant inputs in shortgrass steppe [J]. Ecology, 77：2 516-2 527.

第五章 川西北高寒草地沙化对
土壤有机碳的影响

　　土壤有机碳（SOC）是指土壤中各种正价态的含碳有机化合物，是土壤极其重要的组成部分，对土壤物理、化学和生物学性质有着深刻的影响，一直是国内外土壤肥力和土壤质量研究与评价的主要内容，其含量的高低是反映土壤质量退化程度的重要指标。有研究表明，土壤有机碳不仅为植被生长提供碳源，而且在很大程度上影响着土壤结构的形成、土壤稳定性、土壤持水性、土壤缓冲性和土壤生物多样性等，同时，由于土壤有机碳的库容巨大，其微小变化都将引起大气 CO_2 浓度的较大波动，进而影响温室效应和全球气候变化。近年来，土壤有机碳研究受到人们普遍关注，已成为全球变化研究的三大热点之一。土壤活性有机碳作为土壤有机碳对外界环境最敏感的一部分，是土壤微生物活动和植物生长最直接吸收的碳源和养分，其主要包括溶解有机碳（DOC）、微生物生物量碳（MBC）和易氧化有机碳（ROC）等。土壤有机碳，特别是活性土壤有机碳的动态及其控制过程，不仅是土地资源可持续利用的重要基础，而且对土壤碳循环与全球气候变化的相互作用研究具有重要意义。

　　草原生态系统约占陆地总面积的 25.4%，既是重要的碳源，同时也是巨大的碳汇。然而，不合理的草地资源利用和管理将导致草地退化和土壤有机碳含量显著降低，进而导致大气 CO_2 浓度增加，加剧全球变暖的趋势和与之有关的气候变化。土地沙漠化多发生于干旱、半干旱和亚湿润干旱地区，其主要是由于气候变化和人类活动造成的。以风沙土壤侵蚀为特征的沙漠化不仅导致土壤质地粗糙，而且对土壤生产力有着潜在的抑制作用。近年来，关于我国草地生态系统中沙化草地有机碳的研究已有很多报道，但这些研究多集中于干旱半干旱地区，且多局限于有机碳总量的研究，关于高寒半湿润地区草地沙化过程中土壤有机碳，尤其是土壤活性有机碳研究相对缺乏。通过对川西北高寒地区不同程度沙化草地土壤的总有机碳、溶解性有机碳、易氧化有机碳进行研究，以期揭示高寒草地沙化过程中土壤有机碳含量及其组分的变化特征，可为该区域退化生态系统的恢复和管理提供科学依据。

第一节　研究区概况

研究区概况同第三章第一节。

第二节　研究方法

一、样品采集与处理

于 2014 年 7 月进行野外采样，采样地点为红原县瓦切乡德香村。设置 5 种沙化类型草地，每个草地设置 3 个 10 m×10 m 的土壤采样样方，每个样方内采用"S"形路线法多点采样混合，用 10 cm 直径的管型土钻分别采集 0~20 cm、20~40 cm 和 40~60 cm 层的土样。采集土壤样品剔除植物根系等杂物后，将土壤样品自然风干用于土壤有机碳、腐殖质碳、溶解性有机碳、易氧化有机碳的测定。

二、测定方法

土壤有机碳采用重铬酸钾—外加热法测定。微生物量碳测定采用氯仿熏蒸紫外比色法。

（一）DOC 采用重铬酸钾容量法—水合热法测定

即称取过 2 mm 筛的风干土 5 g 于 100 mL 塑料瓶内，加入 25 mL 浓度为 1 mol/L 的 KCl，然后在常温下以 180 r/min 振荡浸提土壤样品 30 min，之后以 4 000 r/min 离心 10 min，过滤，吸取滤液 5 mL 至 50 mL 三角瓶中，先加入 5 mL 0.02 mol/L $K_2Cr_2O_7$，再加入 5 mL 浓硫酸，冷却，滴 3~4 滴凌菲罗琳，此时用 0.01 mol/L 的 Fe_2SO_4 反滴定，溶液由橙色经过绿色，最后突变为砖红色，即为终点。

结果计算：

$$DOC\left(\frac{mg}{kg}\right) = \frac{\dfrac{0.02 \times 5.00}{V_0}(V_0 - V_1) \times 3.0 \times 1.33 \times 3 \times 10^{-3} \times k}{m} \times 1\,000 \quad (1)$$

式中：V_0 为滴定空白时所用 Fe_2SO_4 体积（mL）；

V 为滴定土样时所用 Fe_2SO_4 体积（mL）；

5.00 为所用 $K_2Cr_2O_7$ 体积（mL）；

0.02 为 1/6 $K_2Cr_2O_7$ 标准溶液的浓度；

3.0 为 1/4 碳原子的摩尔质量（g/mol）；

1.33 为氧化校正系数；

5 为分取倍数；

10^{-3} 为将 mL 换成 L；

m 为称取风干土样质量；

k 为水分系数；

1 000 为将 g 换成 kg。

（二）ROC 采用 333 m/mol 的 $KMnO_4$ 氧化比色法测定

即称取过 0.25 mm 筛的自然风干土壤样 2.0 g，装入 100 mL 塑料瓶内，加入 0.333 mol/L 的 $KMnO_4$ 25.00 mL，密封瓶口，以 170~180 r/min 振荡 1 h。振荡后的样品以 4 000 r/min 离心 10 min，然后取上清液 0.20 mL 用去离子水稀释 50 mL 容量瓶中，定容。将上述稀释液在波长 565 nm 的分光光度计上比色，其标准液的浓度范围一定要包括 1 mg 碳，根据高锰酸钾的消耗量，可计算出易氧化土壤样品的含碳量（每消耗 1 mmol 高锰酸钾溶液相当于氧化 9 mg 碳）。

标准曲线配置：分别从 0.333 mol/L $KMnO_4$ 标准溶液中取 0.4 mL、0.3 mL、0.2 mL、0.1 mL、0.07 mL $KMnO_4$ 定容于 100 mL 容量瓶中，根据比色值绘制标准曲线。

结果计算：

$$ROC\left(\frac{g}{kg}\right) = \frac{\left[0.02 \times 25.00 - (\text{标曲上查的浓度} \times 10^{-4}) \times 50.00 \times \frac{25}{0.2}\right] \times 9 \times k}{m}$$

(2)

式中：9 为 $KMnO_4$ 浓度变化 1 mol 消耗的碳量（g）；

k 为水分系数；

m 为风干土质量（g）。

（三）MBC 的测定采用氯仿熏蒸法测定

即取过 2 mm 筛新鲜土样，称取相当于烘干土 10 g 的新鲜土样 6 份于烧杯中，3 份放入真空干燥器中，在干燥器内放入分别装有无酒精氯仿（烧杯内加少许玻璃珠）、3 mol/L NaOH 和蒸馏水的小烧杯，然后抽气直至氯仿沸腾 10 min，关掉真空干燥器阀门，室温 25 ℃下暗室放置 24 h。熏蒸结束后，打开干燥器阀门，取出氯仿，然后用真空泵连续抽取干燥器内的氯仿。另 3 份土壤放入另一干燥器中，但不放氯仿，其他处理一样。将熏蒸的土样全部转移至 150 mL 三角瓶中，加入 40 mL 0.5 mol/L 的 K_2SO_4 提取液（土壤/抽提液=1/4），在往复式振荡机上以 250 r/min 振荡 30 min，过滤。另外 3 份土样直接加入 40 mL 0.5 mol/L K_2SO_4 提取液，振荡，过滤。

准确吸取浸提液 5.0 mL 放入试管中，加入 0.4000 mol/L 1/6 $K_2Cr_2O_7$ 标准溶液 2 mL，再加入浓硫酸 5 mL，摇动试管，充分混匀，在试管上放一小漏斗，以冷凝蒸出的水气。将试管放入温度为 175 ℃左右的石蜡油浴锅，注意调节使油浴锅温度维持在 170~180 ℃，从试管内容物开始沸腾（有较大气泡）算起，准确煮沸 5 min，取出试管，稍冷却，拭净试管外部油滴。将试管内容物倾入 150 mL 三角瓶中，用蒸馏水少量多次洗净试管和漏斗，溶液亦并入三角瓶中。加水稀释至 60~70 mL，维持溶液酸度为（1/2 H_2SO_4）2~3 mol/L，加入 2~3 滴邻啡罗啉亚铁指示剂，然后用标准硫酸盐铁溶液滴定，溶液由橙色经过绿色，最后突变为砖红色，即为终点。

土壤微生物碳含量以熏蒸和未熏蒸土样提取液中碳含量之差除以转换系数 K_{EC} 得到。MBC 的换算系数 K_{EC} 为 0.45。

有机碳（O_c）的计算公式：

$$\omega(C) = \frac{(V_0 - V_1) \times c \times 3 \times ts \times 1\,000}{m} \tag{3}$$

式中：ω（C）为有机碳（O_c）质量分数（mg/kg）；

　　　V_0 为滴定空白样时所消耗的 $FeSO_4$ 体积（mL）；

　　　V_1 为滴定样品时所消耗的 $FeSO_4$ 体积（mL）；

　　　c 为 $FeSO_4$ 溶液的浓度（mol/L）；

　　　3 为碳（1/4C）的毫摩尔质量；

　　　ts 为稀释倍数；

　　　m 为烘干土质量（g）。

微生物生物量碳的计算公式：

$$\omega(C) = \frac{E_C}{K_{EC}} \tag{4}$$

式中：ω（C）为微生物生物量碳质量分数（mg/kg）；

E_C 为熏蒸土样有机碳与未熏蒸土样有机碳之差（mg/kg）;

K_{EC} 为 0.45。

三、数据处理

利用 Excel 2003 进行数据预处理与图表绘制。利用 SPSS 17.0 软件进行数据分析，对不同退化草地土壤有机碳的差异比较采用单因素方差分析（one way ANOVA），不同处理间的差异显著性校验采用最小显著性差异法 LSD（Least-Significant Difference）法，土壤有机碳之间相关系数的计算采用 Pearson 相关性分析。

第三节　结果与分析

一、同沙化程度草地土壤有机碳的变化特征

土壤有机碳指土壤中各种正价态的含碳有机化合物，是土壤极其重要的组成部分，其在土壤物理、化学和生物学特性中发挥着极其重要的作用。统计分析结果表明，草地沙化导致 SOC 含量呈现大幅减少的变化趋势，其中极重度沙化草地较未沙化草地 0～100 cm 土层 SOC 含量减少了 3.31 g/kg，下降幅度达66.07%，其中，轻度沙化阶段较未沙化阶段、中度沙化阶段较轻度沙化阶段、重度沙化阶段较中度沙化阶段、极重度沙化阶段较重度沙化阶段的 SOC 含量分别减少了 1.78 g/kg、0.84 g/kg、0.42 g/kg 和 0.27 g/kg，降低幅度分别达35.53%、26.01%、17.57%和13.71%，表明研究区草地沙化进程中，SOC 含量呈逐渐降低的变化特征，方差分析结果表明，不同程度沙化草地之间 SOC 含量差异达极显著水平（$P<0.01$）（表5-1）。

总体上，不同土层深度 SOC 含量随草地沙化的加剧呈现出降低的趋势，其中，0～20 cm 土层变化最为明显，极重度沙化草地较未沙化草地 SOC 含量降低幅度达82.97%，其中，轻度沙化阶段较未沙化阶段、中度沙化阶段较轻度沙化阶段、重度沙化阶段较中度沙化阶段、极重度沙化阶段较重度沙化阶段的 SOC含量分别减少了 4.5 g/kg、2.11 g/kg、1.27 g/kg 和 0.79 g/kg，降低幅度分别达43.06%、35.46%、33.07%和30.74%，方差分析结果表，不同程度沙化草地之间 0～20 cm 土层的 SOC 含量差异达极显著水平（$P<0.01$）。随着土层深度增加，SOC 含量随草地沙化进程其降低速度逐渐减小，其中，20～40 cm、40～60 cm、60～80 cm 和 80～100 cm 土层极重度沙化阶段较未沙化阶段草地 SOC 含量分别降

低了 72.74%、55.67%、23.72% 和 19.80%，方差分析结果表明，不同程度沙化草地之间 20~40 cm、40~60 cm 土层的 SOC 含量的差异均达极显著水平（$P<0.01$）。60~80 cm、80~100 cm 土层的 SOC 含量的差异均达显著水平（$P<0.05$）。

上述分析结果说明草地沙化进程中，SOC 含量大幅降低，且降低幅度逐渐减小，上层 SOC 含量较下层土壤减少数量和降低幅度更大。

表 5-1　不同沙化程度草地土壤有机碳的比较　（mg/kg）

土层深度（cm）	未沙化	轻度沙化	中度沙化	重度沙化	极重度沙化
0~20	10.45±0.22aA	5.95±0.09bB	3.84±0.11bcC	2.57±0.20dD	1.78±0.06eE
20~40	6.64±0.38aA	3.88±0.35bB	2.71±0.05cC	2.13±0.25dD	1.81±0.13eE
40~60	3.79±0.18aA	2.47±0.17bB	1.87±0.12cC	1.76±0.04cdC	1.68±0.10dC
60~80	2.15±0.04aA	1.97±0.03bA	1.78±0.05cA	1.70±0.02cA	1.64±0.09cA
80~100	2.02±0.01aA	1.88±0.02bA	1.76±0.01bcA	1.69±0.06cA	1.62±0.04acA
均值	5.01±0.07aA	3.23±0.07bB	2.39±0.05cC	1.97±0.12dD	1.70±0.05eE

注：多重比较采用最小显著性差异（LSD）法，同一土层不同沙化程度之间不同大写字母表示在 $P<0.01$ 水平下差异极显著，不同小写字母表示在 $P<0.05$ 水平下差异显著。下同。

二、不同沙化程度草地土壤腐殖质碳的变化特征

统计分析结果表明，不同沙化草地土壤腐殖质碳（Humus Carbon，HC）、胡敏酸碳（Humic Acid Carbon，HAC）、富里酸碳（Fulvic Acid Carbon，FAC）和胡敏素碳（Humin Carbon，HMC）在土层中的分布总体与土壤有机碳大致相同。川西北高寒草原草地沙化导致 0~60 cm 土层土壤腐殖质碳含量大量损失，其中 0~20 cm、20~40 cm 和 40~60 cm 土层极重度沙化阶段较未沙化阶段草地腐殖质碳分别下降了 87.95%、80.49% 和 68.35%；胡敏酸碳分别下降了 89.18%、82.88% 和 71.95%；富里酸碳分别下降了 85.53%、77.00% 和 63.16%；胡敏素碳分别下降了 80.00%、68.18% 和 48.33%；PQ 值（HAC/HC）分别下降了 11.66%、13.13% 和 12.67%（表 5-2）。

在土层剖面上，不同土层深度的土壤腐殖质碳对草地沙化的响应存在较大差异，整体上，在同一沙化程度草地上，随着土层深度的增加，土壤腐殖质碳呈现下降趋势。随草地沙化进程，0~20 cm 土层土壤腐殖质碳、胡敏酸碳、富里酸碳和胡敏素碳含量减少最为明显，并且其下降幅度随着土层的增加而减少。相反，PQ 值在 40~60 cm 土层重，下降程度最小，这表明土壤腐殖质品质随着沙化程

— 78 —

度的加剧不断降低，且表层土壤腐殖质品质高于下层土壤。

上述分析结果表明川西北高寒草原草地沙化进程中土壤腐殖质碳大量损失，且呈现降低幅度随土层增加逐渐减小，以及土壤腐殖质品质随着沙化程度的加剧不断降低，且表层土壤腐殖质品质高于下层土壤的特征。

表5-2　草地沙化土壤腐殖质碳的变化

沙化程度	土层（cm）	腐殖质碳（g/kg）	胡敏酸碳（g/kg）	富里酸碳（g/kg）	胡敏素碳（g/kg）	PQ值（%）
未沙化	0~20	3.90	2.31	1.59	6.55	59.2
	20~40	2.46	1.46	1.00	4.18	59.4
	40~60	1.39	0.82	0.57	2.40	59.2
	均值	2.58	1.53	1.05	4.38	59.28
轻度沙化	0~20	2.19	1.30	0.89	3.76	59.3
	20~40	1.39	0.81	0.58	2.49	58.2
	40~60	0.87	0.50	0.36	1.60	57.9
	均值	1.48	0.81	0.61	2.62	58.49
中度沙化	0~20	1.25	0.71	0.54	2.59	57.1
	20~40	0.86	0.49	0.37	1.85	57.2
	40~60	0.57	0.33	0.24	1.30	57.7
	均值	0.89	0.51	0.38	1.92	57.33
重度沙化	0~20	0.74	0.41	0.33	1.83	56.0
	20~40	0.60	0.33	0.27	1.53	55.3
	40~60	0.49	0.27	0.22	1.27	55.0
	均值	0.61	0.34	0.27	1.54	55.41
极重度沙化	0~20	0.47	0.25	0.23	1.31	52.3
	20~40	0.48	0.25	0.27	1.33	51.6
	40~60	0.44	0.23	0.21	1.24	51.7
	均值	0.46	0.24	0.22	1.30	51.86

三、不同沙化程度草地土壤溶解性有机碳的变化特征

统计分析结果表明，川西北高寒草原草地沙化导致0~100 cm土层土壤的DOC含量大量损失，其中极重度沙化阶段较未沙化阶段草地减少了33.41 mg/kg，下降幅度达74.89%。其中，轻度沙化阶段较未沙化阶段、中度沙化阶段较轻度沙化阶

段、重度沙化阶段较中度沙化阶段、极重度沙化阶段较重度沙化阶段土壤的 DOC 减少数量分别为 17.55 mg/kg、8.15 mg/kg、5.22 mg/kg 和 2.49 mg/kg，降低幅度分别达 39.34%、30.12%、27.60% 和 18.19%，方差分析结果表明，不同程度沙化草地 0~100 cm 土层土壤的 DOC 含量差异达极显著水平（$P<0.01$）（表 5-3）。

在土层剖面上，不同土层深度的土壤 DOC 对草地沙化的响应存在较大差异。随草地沙化进程，0~20 cm 土层土壤的 DOC 含量减少最为明显，达 84.04 mg/kg，降低幅度达 85.99%，其中轻度沙化阶段较未沙化阶段、中度沙化阶段较轻度沙化阶段、重度沙化阶段较中度沙化阶段、极重度沙化阶段较重度沙化阶段土壤的 DOC 减少数量分别为 50.34 mg/kg、19.78 mg/kg、9.49 mg/kg 和 4.43 mg/kg，降低幅度分别达 51.51%、41.74%、34.37% 和 24.45%，方差分析结果表明，不同程度沙化草地 0~20 cm 土层土壤的 DOC 含量差异达极显著水平（$P<0.01$）。20~40 cm 土层土壤的 DOC 随草地沙化进程损失程度虽不及 0~20 cm 土层，但也有较大幅度减少，减少数量为 44.71 mg/kg，降低幅度达 78.26%。随着土层深度增加，土壤 DOC 随草地沙化进程减少数量和降低幅度均呈现出逐渐减少的变化特征，40~60 cm、60~80 cm 和 80~100 cm 土层土壤的 DOC 减少数量分别仅为 18.59 mg/kg、10.20 mg/kg 和 9.49 mg/kg，降低幅度依次为 64.64%、49.59% 和 50.32%，方差分析结果表明不同程度沙化草地之间在 20~40 cm、40~60 cm 土层土壤的 DOC 含量差异均达极显著水平（$P<0.01$）。60~80 cm 和 80~100 cm 土层土壤的 DOC 含量差异均达显著水平（$P<0.05$）。

上述分析结果表明，川西北高寒草原草地沙化进程中土壤的 DOC 大量损失，且呈现降低幅度逐渐减小，以及上层土壤减少数量和降低幅度较下层土壤大的变化特征。

表 5-3　不同沙化程度草地可溶性有机碳的比较　　　　　　　　　　　（mg/kg）

土层深度（cm）	未沙化	轻度沙化	中度沙化	重度沙化	极重度沙化
0~20	97.73±0.96aA	47.39±4.76bA	27.61±2.40cB	18.12±0.33dC	13.69±0.76eE
20~40	57.13±3.70aA	31.75±2.98bB	22.58±3.04cC	15.54±0.64dD	12.42±0.61eD
40~60	28.76±3.16aA	21.56±3.47bB	16.24±0.22cC	12.24±0.31dD	10.17±0.39dD
60~80	20.57±1.94aA	18.27±2.91aA	14.36±0.25bA	11.89±0.33cA	10.37±0.26cA
80~100	18.86±2.28aA	16.31±2.72aA	13.76±0.02bA	10.68±0.24cA	9.37±0.14cA
均值	44.61±1.73aA	27.06±2.89bB	18.91±0.96cC	13.69±0.28dD	11.20±0.34eD

四、不同沙化程度草地土壤易氧化有机碳的变化特征

土壤易氧化有机碳（ROC）主要来源于氨基酸、简单的碳水化合物以及其他简单的有机化合物，其组分可有效地指示土壤质量的变化。统计分析结果表明，草地沙化导致 0~100 cm 土层土壤的 ROC 含量呈现出大幅减少的变化特征，其中，极重度沙化阶段较未沙化阶段土壤的 ROC 含量减少了 0.57 g/kg，降幅达70.37%。随着草地沙化进程，土壤的 ROC 呈现出逐渐降低的变化特征，其中，轻度沙化阶段较未沙化阶段、中度沙化阶段较轻度沙化阶段、重度沙化阶段较中度沙化阶段、极重度沙化阶段较重度沙化阶段土壤的 ROC 减少数量分别为0.29 g/kg、0.15 g/kg、0.09 g/kg 和 0.04 g/kg，降低幅度分别达 35.80%、28.85%、24.32% 和 14.29%。方差分析结果表明，不同程度沙化草地 0~100 cm 土层土壤的 ROC 含量差异达极显著水平（$P<0.01$）（表5-4）。

从不同土层深度看，研究区草地沙化导致 0~20 cm、20~40 cm、40~60 cm、60~80 cm 和 80~100 cm 土层土壤的 ROC 减少数量和降低幅度存在差异。随草地沙化进程，以 0~20 cm 土层土壤的 ROC 减少数量和降低幅度均最为明显，极重度沙化阶段较未沙化阶段草地土壤 ROC 减少数量达 1.54 g/kg，降低幅度达84.15%。其中，轻度沙化阶段较未沙化阶段、中度沙化阶段较轻度沙化阶段、重度沙化阶段较中度沙化阶段、极重度沙化阶段较重度沙化阶段土壤的 ROC 减少数量分别为 0.86 g/kg、0.40 g/kg、0.22 g/kg 和 0.06 g/kg，降低幅度分别达46.99%、41.24%、38.60% 和 17.14%，方差分析结果表明，不同程度沙化草地0~20 cm 土层土壤的 ROC 含量差异达极显著水平（$P<0.01$）。随着土层深度增加，草地沙化导致土壤的 ROC 减少的数量和降低的幅度均呈逐渐减小的变化特征。草地沙化进程中，20~40 cm、40~60 cm、60~80 cm 和 80~100 cm 土层极重度沙化阶段较未沙化阶段草地土壤的 ROC 含量分别减少了 0.75 g/kg、0.31 g/kg、0.13 g/kg 和 0.1 g/kg，降低幅度分别为 72.82%、55.36%、38.24% 和 34.48%。方差分析结果表明，不同程度沙化草地在 20~40 cm、40~60 cm 土层土壤的 ROC 含量差异均达极显著水平（$P<0.01$），60~80 cm 和 80~100 cm 土层土壤的 ROC 含量差异仅达显著水平（$P<0.05$）。

上述分析结果表明，川西北高寒草原草地沙化进程中土壤的 ROC 大量损失，且呈现降低幅度逐渐减小，上层土壤减少数量和降低幅度较下层土壤大的变化特征。

表 5-4　不同沙化程度草地易氧化有机碳的比较　　　　　（mg/kg）

土层深度（cm）	未沙化	轻度沙化	中度沙化	重度沙化	极重度沙化
0~20	1.83±0.06aA	0.97±0.18bB	0.57±0.15cC	0.35±0.04dD	0.29±0.06eD
20~40	1.03±0.02aA	0.61±0.14bB	0.42±0.04cC	0.33±0.05dC	0.28±0.13eC
40~60	0.56±0.01aA	0.45±0.04bB	0.34±0.09cC	0.28±0.05dC	0.25±0.04dC
60~80	0.34±0.01aA	0.31±0.02abA	0.28±0.08bA	0.24±0.04cA	0.21±0.04acA
80~100	0.29±0.00aA	0.27±0.02aA	0.25±0.08aA	0.22±0.02bA	0.19±0.05bA
均值	0.81±0.01aA	0.52±0.08bB	0.37±0.07cC	0.28±0.03dBD	0.24±0.06dD

五、不同沙化程度草地土壤微生物量碳的变化特征

统计分析结果表明，草地沙化导致 0~100 cm 土层土壤 MBC 含量呈现出大幅减少的趋势，其中，极重度沙化阶段较未沙化阶段 MBC 含量减少了 51.73 mg/kg，降低幅度达 76.43%。随着草地沙化程度的加重，土壤 MBC 呈现出逐渐降低的变化特征，其中，轻度沙化阶段较未沙化阶段、中度沙化阶段较轻度沙化阶段、重度沙化阶段较中度沙化阶段、极重度沙化阶段较重度沙化阶段土壤 MBC 减少数量分别为 29.7 mg/kg、13.69 mg/kg、4.63 mg/kg 和 3.71 mg/kg，降低幅度分别达 43.88%、36.05%、19.06% 和 18.87%。方差分析结果表明，不同程度沙化草地 0~100 cm 土层土壤 MBC 含量差异达极显著水平（$P<0.01$）（表 5-5）。

从不同土层深度看，研究区草地沙化导致 0~20 cm 土层土壤 MBC 减少数量和降低幅度明显高于其他土层，极重度沙化阶段较未沙化阶段草地土壤 MBC 减少数量达 149.56 mg/kg，降低幅度达 89.61%。其中，轻度沙化阶段较未沙化阶段、中度沙化阶段较轻度沙化阶段、重度沙化阶段较中度沙化阶段、极重度沙化阶段较重度沙化阶段土壤 MBC 减少数量分别为 90.16 mg/kg、38.4 mg/kg、12.66 mg/kg 和 8.34 mg/kg，降低幅度分别达 54.02%、50.04%、33.02% 和 32.48%。方差分析结果表明，不同程度沙化草地 0~20 cm 土层土壤的 MBC 含量差异达极显著水平（$P<0.01$）。随着土层深度增加，草地沙化导致土壤 MBC 减少的数量和降低的幅度均呈现逐渐减小的变化特征。20~40 cm 土层极重度沙化阶段较未沙化阶段草地土壤 MBC 含量减少了 68.24 mg/kg，降低幅度为 80.97%，而 40~60 cm、60~80 cm 和 80~100 cm 土层极重度沙化阶段较未沙化阶段草地土壤 MBC 含量减少数量分别仅为 24.96 mg/kg、9.3 mg/kg 和 6.63 mg/kg，降低幅

度分别为61.68%、37.77%和29.93%。方差分析结果表明，不同程度沙化草地在20~40 cm、40~60 cm土层土壤MBC含量差异均达极显著水平（$P<0.01$），而在60~80 cm和80~100 cm土层土壤MBC含量差异仅达显著水平（$P<0.05$）。

上述分析结果表明，川西北高寒草原草地沙化进程中土壤MBC大量损失，且呈现降低幅度逐渐减小，以及上层土壤减少数量和降低幅度较下层土壤更大的变化特征。

表5-5　不同程度沙化草地微生物量碳　　　　　　　　　　（mg/kg）

土层深度（cm）	未沙化	轻度沙化	中度沙化	重度沙化	极重度沙化
0~20	166.90±4.40aA	76.74±5.70bB	38.34±5.33cC	25.68±1.41dD	17.34±0.78eE
20~40	84.28±5.04aA	46.59±6.23bB	27.21±8.15cC	21.31±2.41dD	16.04±0.90eE
40~60	40.47±1.38aA	27.68±4.95bB	20.84±3.62cC	18.06±4.44cC	15.51±0.61dC
60~80	24.62±8.25aA	19.73±3.57bA	17.51±1.03bA	16.56±0.85bcA	15.32±2.06cA
80~100	22.15±14.89aA	19.18±8.41abA	17.53±11.17bA	16.69±3.6bA	15.52±1.37bA
均值	67.68±4.05aA	37.98±1.16bB	24.29±4.09cC	19.66±1.08dD	15.95±0.65eE

六、沙化草地土壤有机碳及其活性组分的相关性分析

由表5-6可见，SOC、DOC、ROC和MBC均呈极显著正相关关系，与蔡晓布等（2007）对不同状态藏北高寒草原土壤活性有机碳组分研究得出的结论类似。这表明有机碳与活性有机碳组分含量密切相关，对草地沙化的响应具有一致性。

表5-6　土壤有机碳组分的相关性分析

项目	有机碳	溶解性有机碳	易氧化有机碳	微生物量碳
有机碳	1	0.995**	0.994**	0.990**
溶解性有机碳		1	0.998**	0.996**
易氧化有机碳			1	0.997**
微生物量碳				1

注：** 为极显著相关（$P<0.01$）。

第四节 讨 论

一、草地沙化对土壤有机碳的影响

以风蚀为主要特征的土地沙化是我国最严重的草地退化类型之一，它能导致土壤氮素含量显著降低，从而破坏草地生态系统碳氮素平衡。目前，草地沙化过程中 SOC 的变化正逐渐引起国内外学者的关注，并也取得了一些宝贵的成果。Zhou 等（2008）研究表明，内蒙古科尔沁草原不同沙化程度草地 0～100 cm 土层 SOC 含量均值介于 0.310～3.708 g/kg，土层剖面上，SOC 含量最高为 5.165 g/kg，最低为 0.230 g/kg。Zhao 等（2014）研究也表明内蒙古科尔沁沙地 0～30 cm 土层 SOC 含量为 0.20～4.30 g/kg。本研究结果表明，川西北高寒草原沙化草地 0～100 cm 土层 SOC 含量均值为 1.70～5.01 g/kg，最大值和最小值均较 Zhao 和 Zhou（2008）等报道的结果更大。而在土层剖面上，本研究未沙化草地 0～20 cm 土层 SOC 含量最高，达 10 g/kg 以上，极重度沙化阶段 80～100 cm 土层 SOC 含量最低，为 1.62 g/kg，均比 Zhou 等的报道结果更大。造成这种差异的原因可能与气候差异有关，川西北高寒草原年降水量大，气温低，有利于 SOC 的积累，而科尔沁沙地年降水量较低、气温高，不利于 SOC 的积累。

草地沙化进程中，0～20 cm 土层 SOC 减少数量及降低幅度均最为明显，这一方面是由于表层土壤 SOC 与地表植被覆盖状况的相关性强于下层土壤，在过度放牧等不合理的人为土地管理活动影响下，地表植被盖度逐渐降低，直接减少了进入表层土壤的 SOC 数量，同时也降低了对表层 SOC 的保护作用，从而导致沙化过程中 0～20 cm 土层 SOC 数量急剧下降；另一方面与以风蚀为主要特征的土地沙化能够去除表层富含养分的土壤颗粒。因此，通过设置生态沙障或物理沙障等措施来降低风蚀对沙化草地的吹蚀作用，对于研究区沙化草地的生态恢复和治理尤为关键。研究区沙化草地不同沙化阶段，SOC 损失程度存在较大差异，Zhou 等研究表明，草地沙化在轻度沙化、中度沙化阶段对 SOC 的影响更大。本研究结果表明，川西北高寒草原沙化草地 SOC 降低幅度最大值均出现在未沙化演变为轻度沙化阶段，这与 Zhou 等研究相似。这表明川西北高寒草原沙化草地土壤培肥及生态修复过程中，首先应注重对轻度沙化草地及潜在沙化草地的治理，以避免草地沙化形势恶化。

二、草地沙化对土壤腐殖质碳的影响

土壤腐殖质是土壤有机质的重要组成部分，约占土壤有机质的65%，掌握不同沙化程度草地土壤腐殖质的差异特征，对弄清沙漠化过程中土壤质量的变化机理，沙化草地质量均有重要价值。蔡晓布等研究表明，土壤腐殖质碳含量与土壤环境密切相关，随着土壤环境的恶化，土壤腐殖质碳及土壤腐殖质品质均呈降低趋势，且土壤腐殖质碳主要以胡敏素碳为主，这与本研究结果一致。在沙化过程中，沙化草地腐殖质碳组分发生明显变化。随着沙化程度严重，土壤腐殖质碳、胡敏酸碳、富里酸碳和胡敏素碳组分呈下降趋势，并且这种下降趋势随着土层的增加而减少。这可能是因为地表植被盖度降低，地上和地下生物量减少导致土壤腐殖质降低，同时引起腐殖质组分发生改变，万婷等（2013）研究表明，植被对土壤的反馈对土壤腐殖质组成具有重要影响。

三、草地沙化对土壤活性有机碳组分的影响

土壤DOC主要来源于土壤腐殖质和微生物对土壤有机质的分解，ROC主要来源于氨基酸、简单的碳水化合物、微生物生物量以及其他简单的有机化合物，MBC则与土壤微生物数量、种群密切相关。DOC、ROC和MBC等活性有机碳虽然占SOC库的比例小，但它们是土壤生态系统最重要和最活跃的部分，参与地球生物化学循环过程，在维持土壤肥力方面具有重要作用。本研究结果表明，川西北高寒草原草地沙化进程中土壤DOC、ROC和MBC呈现出与土壤SOC相同的变化特征。但是在变化速率方面，草地沙化导致0~100 cm土层土壤DOC、ROC和MBC含量分别下降了74.89%、70.37%和76.43%，而草地沙化过程中，SOC下降幅度为66.07%。而针对受草地沙化影响最严重的0~20 cm土层，草地沙化导致该土层土壤DOC、ROC和MBC含量分别下降了85.99%、84.15%和89.61%，而SOC下降幅度为82.97%。这表明川西北高寒草原草地沙化过程中，土壤DOC、ROC和MBC等活性有机碳组分流失较SOC更为严重，尤其是DOC和MBC。这可能是由于DOC、ROC和MBC等活性有机碳对外界环境变化较SOC更为敏感所致。

通过对各沙化阶段0~100 cm土层SOC与DOC、ROC和MBC的降低幅度研究发现，CTRL-LDG、LDG-MDG和HDG-SDG阶段各形态有机碳含量降幅呈现出MBC>DOC>ROC>SOC的变化特征，MDG-HDG阶段各形态有机碳含量降幅则呈现出DOC>ROC>MBC>SOC的变化特征（图5-1）。这表明草地沙化进程中，

土壤 MBC、DOC 损失速度最快，降低幅度最大，其次为 ROC，SOC 损失速度相对最慢，降低幅度相对最小；从不同沙化阶段 DOC、ROC 和 MBC 等活性有机碳降低幅度高于 SOC，且呈现出 CTRL-LDG>LDG-MDG >MDG-HDG >HDG-SDG，且 CTRL-LDG 阶段降低幅度明显高于 MDG-HDG 和 HDG-SDG 阶段。这表明草地沙化进程中，土壤 DOC、ROC 和 MBC 等活性有机碳在沙化前期阶段损失最为明显，尤其是 CTRL-LDG 阶段，这与 SOC 随草地沙化进程的变化特征一致。

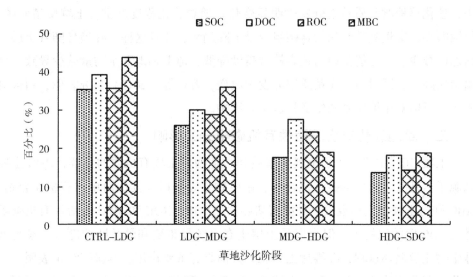

图 5-1 不同沙化阶段土壤有机碳及活性有机碳组分含量损失程度对比分析

（注：CTRL-SDG：未沙化阶段到极重度沙化阶段；CTRL-LDG：未沙化阶段到轻度沙化阶段；LDG-MDG：轻度沙化阶段到中度沙化阶段；MDG-HDG：中度沙化阶段到重度沙化阶段；HDG-SDG：重度沙化阶段到极重度沙化阶段）

第五节 结 论

随着草地沙化程度的增加，土壤有机碳含量呈现大幅减少的变化趋势。0~100 cm 土层，极重度沙化阶段较未沙化阶段土壤有机碳含量下降了 66.07%。其中，0~20 cm 土层变化最为明显，极重度沙化草地较未沙化草地土壤有机碳含量降低幅度达 82.97%。不同土层深度土壤有机碳含量随草地沙化程度加剧降低幅度逐渐减小。

随着草地沙化程度的增加，土壤腐殖质碳含量、土壤胡敏酸碳含量、土壤富里酸碳含量和土壤胡敏素碳含量均呈现大幅减少的变化趋势。0~60 cm土层，极重度沙化阶段较未沙化阶段土壤的腐殖质碳、胡敏酸碳、富里酸碳和胡敏素碳的含量分别下降了82.17%、84.31%、79.05%和70.32%。其中，0~20 cm土层变化最为明显，极重度沙化阶段较未沙化阶段土壤的腐殖质碳、胡敏酸碳、富里酸碳和胡敏素碳的含量分别下降了87.95%、89.18%、85.53%和80.00%。不同土层深度土壤的腐殖质碳、胡敏酸碳、富里酸碳和胡敏素碳的含量随着草地沙化程度加剧，其降低幅度逐渐减小。

随着草地沙化程度的增加，土壤的溶解性有机碳、易氧化有机碳和微生物量碳的含量均呈现大幅减少的变化趋势。0~100 cm土层，极重度沙化阶段较未沙化阶段土壤的溶解性有机碳、易氧化有机碳和微生物量碳的含量分别下降了74.89%、70.37%和76.43%。其中，0~20 cm土层变化最为明显，极重度沙化草地较未沙化草地土壤的溶解性有机碳、易氧化有机碳和微生物量碳的含量分别下降了85.99%、84.15%和89.61%。不同土层深度土壤的溶解性有机碳、易氧化有机碳和微生物量碳的含量随草地沙化程度加剧，其降低幅度逐渐减小．

相关性分析表明，川西北高寒草原沙化草地土壤的总有机碳、溶解性有机碳、易氧化有机碳、微生物量碳的含量均呈极显著正相关关系。

参考文献

蔡晓布，钱成，张永清，2007.退化高寒草原土壤生物学性质的变化 [J]. 应用生态学报，18（8）：1 733-1 738.

樊江文，钟华平，梁飚，等，2003.草地生态系统碳储量及其影响因素 [J]. 中国草地，25（6）：8.

韩成卫，李忠佩，刘丽，等，2007.去除溶解性有机质对红壤水稻土碳氮矿化的影响 [J]. 中国农业科学，40（1）：107-113.

梁爱华，韩新辉，张扬，等，2013.纸坊沟流域退化土壤碳氮关系对植被恢复的时空响应 [J]. 草地学报，21（5）：842-849.

毛思慧，谢应忠，许冬梅，2014.宁夏盐池县草地沙化对植被与土壤特征的影响 [J]. 水土保持通报，34（1）：34-39.

牛赟，刘贤德，赵维俊，2014.祁连山青海云杉（Picea crassifolia）林浅层土壤碳、氮含量特征及其相互关系 [J]. 中国沙漠，34：371-377.

青烨, 孙飞达, 李勇, 等, 2015.若尔盖高寒退化湿地土壤碳氮磷比及相关性分析 [J]. 草业学报, 24 (3): 38-47.

沈宏, 曹志洪, 胡正义, 1999.土壤活性有机碳的表征及其生态效应 [J]. 生态学杂志, 18 (3): 7.

苏永中, 赵哈林, 张铜会, 等, 2002.科尔沁沙地旱作农田土壤退化的过程和特征 [J]. 水土保持学报, 16 (1): 25-28.

万婷, 涂卫国, 席欢, 等, 2013.川西北不同程度沙化草地植被和土壤特征研究 [J]. 草地学报, 21 (4): 650-657.

王米兰, 胡荣桂, 2014.湖北省几种农业土壤中酚含量及其与碳氮的关系 [J]. 农业环境科学学报, 33 (4): 702-707.

王明慧, 王国兵, 阮宏华, 等, 2012.苏北沿海不同土地利用方式土壤水溶性有机碳含量特征 [J]. 生态学杂志, 31 (5): 1 165-1 170.

AL-KAISI M M, YIN X, LICHT M A, 2005.Soil carbon and nitrogen changes as affected by tillage system and crop biomass in a corn-soybean rotation [J]. Applied Soil Ecology, 30 (3): 174-191.

BELAY-TEDLA A, ZHOU X, SU B, et al., 2009.Labile, recalcitrant, and microbial carbon and nitrogen pools of a tallgrass prairie soil in the US Great Plains subjected to experimental warming and clipping [J]. Soil Biology and Biochemistry, 41 (1): 110-116.

BERGSTROM D, MONREAL C, KING D, 1998.Sensitivity of soil enzyme activities to conservation practices [J]. Soil Science Society of America Journal, 62 (5): 1 286-1 295.

CURRIE W S, ABER J D, MCDOWELL W H, et al., 1996.Vertical transport of dissolved organic C and n under long-term n amendments in pine and hardwood forests [J]. Biogeochemistry, 35 (3): 471-505.

ELMORE A J, ASNER G P, 2006.Effects of grazing intensity on soil carbon stocks following deforestation of a Hawaiian dry tropical forest [J]. Global change biology, 12 (9): 1 761-1 772.

FRANZLUEBBERS A, STUEDEMANN J, SCHOMBERG H, et al., 2000.Soil organic C and n pools under long-term pasture management in the Southern Piedmont USA [J]. Soil Biology and Biochemistry, 32 (4): 469-478.

HENNESSY J, KIES B, GIBBENS R, et al., 1986. Soil sorting by forty－five years of wind erosion on a southern new Mexico range [J]. Soil Science Society of America Journal, 50 (2): 391-394.

LARNEY F J, BULROCK M S, JANZEN H H, et al., 1998. Wind erosion effects on nutrient redistribution and soil productivity [J]. Journal of Soil and Water Conservation, 53 (2): 133-140.

LI W, YANG G, CHEN H, et al., 2013. Soil available nitrogen, dissolved organic carbon and microbial biomass content along altitudinal gradient of the eastern slope of Gongga Mountain [J]. Acta Ecologica Sinica, 33 (5): 266-271.

LIANG B, MACKENZIE A, SCHNITZER M, et al., 1997. Management － induced change in labile soil organic matter under continuous corn in eastern Canadian soils [J]. Biology and fertility of soils, 26 (2): 88-94.

MAIA S M, OGLE S M, CERRI C E, et al., 2009. Effect of grassland management on soil carbon sequestration in Rondônia and Mato Grosso states, Brazil [J]. Geoderma, 149 (1): 84-91.

MARTICORENA B, BERGAMETTI G, GILLETTE D, et al., 1997. Factors controlling threshold friction veROCity in semiarid and arid areas of the United States [J]. Journal of Geophysical Research: Atmospheres, 102 (D19): 23 277-23 287.

NIEDER R, HARDEN T, MARTENS R, et al., 2008. Microbial biomass in arable soils of Germany during the growth period of annual crops [J]. Journal of Plant nutrition and Soil Science, 171 (6): 878-885.

PINEIRO G, PARUELO J, OESTERHELD M, 2006. Potential long － term impacts of livestock introduction on carbon and nitrogen cycling in grasslands of southern South America [J]. Global change biology, 12 (7): 1 267-1 284.

PORTNOV B, SAFRIEL U, 2004. Combating desertification in the negev: dryland agriculture vs.dryland urbanization [J]. Journal of Arid Environments, 56 (4): 659-680.

SANDERMAN J, BALBOCK J A, AMUNDSON R, 2008. Dissolved organic carbon chemistry and dynamics in contrasting forest and grassland soils [J].

Biogeochemistry, 89（2）: 181-198.

VARGAS D N, BERTILLER M B, ARES J O, et al., 2006.Soil C and N dynamics induced by leaf-litter decomposition of shrubs and perennial grasses of the Patagonian Monte ［J］. Soil Biology and Biochemistry, 38（8）: 2 401-2 410.

WAN Z, SONG C, YANG G, et al., 2009. The active soil organic carbon fraction and its relationship with soil enzyme activity in different types of marshes in the Sanjiang Plain ［J］. Acta Scientiae Circumstantiae, 29（2）: 406-412.

WANG Y, RUAN H, HUANG L, et al., 2010.Soil labile organic carbon with different land uses in reclaimed land area from Taihu Lake ［J］. Soil Science, 175（12）: 624-630.

WEZEL A, RAJOT J L, HERBRIG C, 2000.Influence of shrubs on soil characteristics and their function in Sahelian agro-ecosystems in semi-arid niger ［J］. Journal of Arid Environments, 44（4）: 383-398.

YANO Y, MCDOWELL W, ABER J, 2000.Biodegradable dissolved organic carbon in forest soil solution and effects of chronic nitrogen deposition ［J］. Soil Biology and Biochemistry, 32（11）: 1 743-1 751.

ZHAO H L, LI J, LIU R T, et al., 2014.Effects of desertification on temporal and spatial distribution of soil macro-arthropods in Horqin sandy grassland, Inner Mongolia ［J］. Geoderma, 223: 62-67.

ZHAO H, ZHAO X, ZHANG T, et al., 2005.Desertification processes of sandy rangeland due to over-grazing in semi-arid area, Inner Mongolia ［J］. China J Arid Environ, 62: 309-319.

ZHOU R L, LI Y Q, ZHAO H L, et al., 2008.Desertification effects on C and n content of sandy soils under grassland in Horqin, northern China ［J］. Geoderma, 145（3）: 370-375

ZOU X, RUAN H, FU Y, et al., 2005.Estimating soil labile organic carbon and potential turnover rates using a sequential fumigation-incubation procedure ［J］. Soil Biology and Biochemistry, 37（10）: 1 923-1 928.

第六章 川西北高寒草地沙化对土壤氮的影响

土壤氮素对土壤的物理、化学、生态性状和土壤肥力等具有重要作用，是植物生长发育的必需元素，也是最重要的限制因子。土壤有机态氮是氮素的主要存在形式，一般占土壤氮素的90%以上，是矿质态氮的源和库，在土壤和植物氮素营养及环境效应中占有重要地位。土壤有机氮主要存在于未完全分解的动植物残体和土壤腐殖质，而土壤有机质调控着土壤微生物活性和氮素有效性，进而维持或提高土壤氮素供应，提供作物生长发育所需的氮素。土壤氮素有效性受有机氮化学形态和赋存状况的制约，同时有机氮亦是作物氮素吸收主要形态——矿质氮的源和库。土壤有机氮组分是土壤有机氮的重要化学形态，包括酸解铵态氮（AN）、酸解氨基酸氮（AAN）、酸解氨基糖氮（ASN）及酸解未知态氮（HUN）和非酸解氮（NAHN）等形态（吴建国等，2007），直接或间接影响土壤氮素的有效性，在土壤氮素循环中起着重要作用（杨成德等，2008）。研究土壤有机氮组分对了解土壤氮素有效性和供氮能力具有重要意义，对揭示沙漠化过程中土壤氮素、有机氮组分的变化特征及其与土地沙漠化的关系、维系土壤质量、保护环境等方面均有极为重要的积极作用，也有利于掌握沙漠化对土壤肥力的影响机制。近年来，我国关于沙漠化土地土壤氮素的研究主要集中在干旱、半干旱地区草地生态系统，并且这些研究多集中于无机氮和氮素转化循环过程，而对于我国高寒地区草地沙化过程中土壤氮素及有机氮组分的变化关注和研究较少。因此，通过对川西北高寒草原不同程度沙化草地土壤全氮、无机氮素以及有机氮组分进行分析研究，揭示该地区草地沙化过程中土壤氮素的变化特征，可为该区域沙化草地的治理及草地生态恢复提供理论依据。

第一节 研究区概况

研究区概况同第三章第一节。

第二节　研究方法

一、样品的采集与处理

通过实地勘察，在红原县沙化土地分布多而集中的瓦切乡选择采样点。5 种沙化类型草地均选择 3 处地形和土壤母质一致的样地作为重复，每个样地内均选取 1 个面积大小为 1 m×1 m 的样方用于土壤样品采集。在选定样方内分别采集 0~20 cm、20~40 cm、40~60 cm、60~80 cm 和 80~100 cm 土壤样品，去除杂物及植物根系、凋落物等。土壤样品一部分冷藏于-4 ℃冰箱内，测定 NH_4^+-N 和 NO_3^--N，另一部分室内风干，过 100 目筛，保存于密封袋内，用于土壤全氮、碱解氮和有机氮组分的测定。实验样品采集时间为 2013 年 7 月。

二、测定方法

TN 采用半微量开氏法测定，碱解氮采用碱解扩散法测定，NH_4^+-N 测定采用靛酚蓝比色法，NO_3^--N 测定采用双波长紫外分光光度法。土壤有机氮组分测定采用 Bremner 法。将待测土样用 6 mol/L 的 HCl 于 120 ℃水解 12 h，然后依次测出水解液中 AN、AAN、ASN 及 HUN。其中，TAHN 用凯氏法；AN 用氧化镁蒸馏法；AN 和 ASN 用 pH 值为 11.2 的磷酸盐—硼酸盐缓冲液蒸汽蒸馏法；AAN 用茚三酮氧化，磷酸盐—硼酸盐缓冲液蒸汽蒸馏法；NAHN、酸解 ASN 和 HUN 均用差减法求得。微生物量氮测定采用氯仿熏蒸紫外比色法。

（一）NH_4^+-N 测定采用靛酚蓝比色法

1. 浸提

称取相当于 5.00 g 干土的新鲜土样（若是风干土，过 10 号筛）准确到 0.01 g，置于 250 mL 三角瓶中，加入氯化钾溶液 20 mL，塞紧塞子，在振荡机上振荡 1 h。取出静置，放置澄清后，将悬液的上部清液用干滤纸过滤，澄清的滤液收集于干燥洁净的三角瓶中。如果不能在 24 h 内进行，用滤纸过滤悬浊液，将滤液储存在冰箱中备用。

2. 比色

吸取土壤浸出液 5 mL（NH_4^+-N，2~25 μg）放入 25 mL 容量瓶中，将氯化钾溶液补充至 5 mL，然后加入苯酚溶液 2.5 mL 和氯化钠碱性溶液 2.5 mL，摇匀。在 20 ℃左右的室温下放置 1 h 后，加掩蔽剂 0.5 mL 以溶解可能产生的沉淀物，然后用水定容至刻度。用 1 cm 比色槽 625 nm 波长处（或红色滤光片）进行比色，读取吸光度。

3. 工作曲线

分别吸取 0、2.00 mL、4.00 mL、6.00 mL、8.00 mL 和 10.00 mL 的 NH_4^+-N 标准液于 50 mL 容量瓶中，各加 10 mL 氯化钾溶液，同②步骤进行比色测定。即 0、1 mL、2 mL、3 mL、4 mL、5 mL NH_4^+-N 标准液于 25 mL 容量瓶中，加入 5 mol/L 氯化钾溶液。

结果计算：

$$C = \frac{C_0 \times V \times ts}{m} \tag{1}$$

式中：C 为 NH_4^+-N 浓度（mg/kg）；

C_0 为显色液铵态氮的质量浓度（μg/mL）；

V 为显色液体积（mL）；

ts 为分取倍数；

m 为烘干土样质量（g）。

（二）NO_3^--N 测定采用双波长紫外分光光度法

1. 称量

称取 10 g 充分拌匀的湿土，分别置于 250 mL 具塞三角瓶和已恒重的烧杯中（烧杯中土样经烘干、恒重以测定其含湿量），在三角瓶内加 0.12 g $CaSO_4$，加 3 次 100 mL 蒸馏水，于振荡器上振荡 15 min，放置 30 min 后，倾出上清液，用慢速无氮定量滤纸过滤。吸取滤液 1.00~5.00 mL（视 NO_3^--N 的浓度而定）置于 50 mL 比色管中，用水准确稀释至刻度，加 1.00 mL 1 mol 的盐酸溶液，分别在 210 nm 和 275 nm 处测量吸光度。

2. NO_3^--N 标准曲线的制作

分别取硝酸盐氮标准使用液 0.50 μg/mL、1.00 μg/mL、2.00 μg/mL、3.00 μg/mL 和 4.00 μg/mL 置于 50 mL 比色管中，在各管中加入 1.00 mL 1 mol/L 的盐酸溶液，然后摇匀，用紫外分光光度计在 220 nm 和 275 nm 处，用 1 cm 石英比色皿测定吸光度。以 $A_{校} = A_{220} - 2A_{275}$ 的计算方法求得校正吸光度，并绘制 $A_{校}$ 标准曲线。

结果计算：

$$C = \frac{c_0 \times V_{总} \times 50 \times 1\,000}{V \times m \times 1\,000} \tag{2}$$

式中：C 为 NO_3^--N 浓度（mg/kg）；

C_0 为由曲线查得测定液质量浓度（μg/mL）；

50 为比色测定液总体积，mL；

V 为浸提液体积，mL；

m 为烘干土样质量，g。

（三）MBN 测定采用氯仿熏蒸紫外比色法

MBN 氯仿熏蒸过程与 MBC 一致。另取 3 份熏蒸和 3 份未熏蒸的土样，转入 100 mL 三角瓶中，加 50 mL 0.5 mol/L K_2SO_4，在往复式振荡机上以 250 r/min 的速度振荡 30 min 后，过滤，立即在 280 nm 紫外光下测定吸光度。熏蒸和未熏蒸作相同处理。用单位土壤中的吸光度增量表示，单位为 △/g，

结果计算：

$$\omega(N) = \frac{abs_{熏}}{G_{熏}} - \frac{abs_{未}}{G_{未}} \tag{3}$$

式中：abs 为 280 nm 紫外光下的吸光度，

G 为烘干土质量（g）。

三、数据处理

利用 Excel 2003 进行数据预处理与图表绘制。利用 SPSS 17.0 软件进行数据分析，对不同退化草地土壤氮素的差异比较采用单因素方差分析（one way ANOVA），不同处理间的差异显著性校验采用最小显著性差异法 LSD（Least - Significant Difference）法，土壤氮素之间相关系数的计算采用 Pearson 相关性分析。

第三节　结果与分析

一、不同沙化程度草地土壤全氮的变化特征

草地沙化导致土壤 0～100 cm 土层 TN 大量流失，草地沙化进程中，其含量下降幅度达 73.89%。随着沙化程度加剧，TN 含量逐渐降低，且降低幅度呈逐渐减小的变化特征，其中，轻度沙化、中度沙化、重度沙化、极重度沙化草地分别

较未沙化草地下降了 41.15%、60.62%、69.03% 和 73.89%。方差分析结果表明，不同程度沙化草地之间 TN 含量差异达极显著水平（$P<0.01$），其中，未沙化草地极显著高于其他各类型沙化草地，轻度沙化草地极显著高于中度沙化、重度沙化和极重度沙化草地，中度沙化草地极显著高于重度沙化和极重度沙化草地，重度沙化草地显著高于极重度沙化草地（表 6-1）；在土层剖面上，0~20 cm 土层 TN 含量受草地沙化影响最为明显，其下降幅度达 86.43%，其中，轻度沙化阶段减少量最多，达 0.51g/kg，且随着沙化严重程度增加，TN 减少量呈现逐渐降低的变化特征，极重度沙化阶段仅减少了 0.045g/kg。随着土层深度增加，草地沙化对 TN 的影响程度逐渐减弱，80~100 cm 土层 TN 含量下降幅度相对最低，为 49.04%。方差分析结果表明，各土层剖面上，不同程度沙化草地 TN 含量差异均达极显著水平，但随着土层深度增加，其差异逐渐缩小（$P<0.01$）。

表 6-1　不同程度沙化草地土壤全氮含量　　　　　（g/kg）

土层深度（cm）	未沙化	轻度沙化	中度沙化	重度沙化	极重度沙化
0~20	0.973±0.203aA	0.463±0.101bB	0.267±0.042cC	0.177±0.051dD	0.132±0.036eE
20~40	0.476±0.092aA	0.307±0.061bB	0.207±0.047cC	0.153±0.009dD	0.121±0.026eE
40~60	0.357±0.068aA	0.231±0.011bB	0.165±0.073cC	0.133±0.008dD	0.117±0.004dD
60~80	0.247±0.032aA	0.176±0.017bB	0.132±0.023cC	0.124±0.010cC	0.113±0.009cC
80~100	0.208±0.046aA	0.153±0.033bA	0.118±0.004cB	0.112±0.007cB	0.106±0.003cB
均值	0.452±0.054aA	0.266±0.037bB	0.178±0.013cC	0.140±0.021dD	0.118±0.007eD

注：多重比较采用最小显著性差异（LSD）法，同一土层不同沙化程度之间不同大写字母表示在 $P<0.01$ 水平下差异极显著，不同小写字母表示在 $P<0.05$ 水平下差异显著。下同。

二、不同沙化程度草地土壤碱解氮的变化特征

沙化草地土壤 AN 含量处于较低水平。草地沙化导致土壤 0~100 cm 土层 AN 含量大量减少，沙化进程中其下降幅度达 77.72%。随着草地沙化严重程度增加，土壤 AN 含量及减少量逐渐减小，其中，轻度沙化、中度沙化、重度沙化和极重度沙化草地较未沙化草地分别降低了 30.68%、52.13%、67.47% 和 77.72%。方差分析结果表明，不同程度沙化草地土壤 AN 含量的差异达极显著水平（$P<0.01$），其中，未沙化草地极显著高于其他各类型沙化草地，轻度沙化极显著高于中度沙化、重度沙化和极重度沙化草地，中度沙化草地极显著高于重度沙化和极重度沙化草地，重度沙化草地极显著高于极重度沙化草地（表 6-2）；在土层

剖面上，0~20 cm 土层土壤 AN 含量减少最明显，下降的幅度达 83.52%，其中，轻度沙化阶段减少量最多，达 19.19 mg/kg，且随着沙化严重程度增加，其减少量呈现逐渐降低的变化特征。随着土层深度增加，AN 受草地沙化的影响程度逐渐减小，其中，80~100 cm 土层仅下降了 49.91%。方差分析结果表明，各土层剖面上，不同程度沙化草地土壤 AN 含量的差异水平均达极显著，但随着土层深度增加，其差异逐渐缩小（$P<0.01$）。

表6-2　不同程度沙化草地土壤的碱解氮含量　　（mg/kg）

土层深度（cm）	未沙化	轻度沙化	中度沙化	重度沙化	极重度沙化
0~20	43.76±1.43aA	24.57±1.74bB	16.57±0.32cC	13.62±0.67dD	7.21±0.22eE
20~40	23.04±1.57aA	16.14±0.98bB	10.15±0.56cC	6.28±0.44dD	4.11±0.16eE
40~60	10.45±0.78aA	8.46±0.45bB	5.93±0.86cC	3.51±0.33dD	3.13±0.52dD
60~80	6.63±1.13aA	4.67±0.89bB	3.06±0.66cBC	2.81±0.47cBC	2.73±0.09cC
80~100	5.41±0.43aA	4.05±0.57bA	2.96±0.13cB	2.83±0.23cB	2.71±0.17cB
均值	17.86±0.78aA	12.38±0.46bB	8.55±0.57cC	5.81±0.33dD	3.98±0.28eE

三、不同沙化程度草地土壤铵态氮和硝态氮的变化特征

沙化草地导致土壤 0~100 cm 土层 NH_4^+-N 含量下降 76.73%。随着草地沙化严重程度增加，NH_4^+-N 含量逐渐降低，降低幅度呈逐渐减小的变化特征，轻度沙化、中度沙化、重度沙化和极重度沙化草地较未沙化草地分别降低了 46.73%、61.63%、72.04% 和 76.73%。方差分析结果表明，不同程度沙化草地土壤 NH_4^+-N 含量差异达极显著水平（$P<0.01$）（表6-3）；在土层剖面上，0~20 cm 土层 NH_4^+-N 受草地沙化影响最明显，下降幅度达 82.11%。其中，轻度沙化阶段减少数量最多，达 4.27 mg/kg，其随着沙化严重程度增加，其减少量呈现逐渐降低的变化特征，极重度沙化阶段仅减少了 0.38 mg/kg。随着土层深度增加，草地沙化对土壤 NH_4^+-N 的影响程度逐渐降低。方差分析结果表明，各土层剖面上，不同程度沙化草地土壤 NH_4^+-N 含量差异水平达极显著，但随着土层深度增加，其差异逐渐缩小（$P<0.01$）。

表6-3　不同程度沙化草地土壤 NH_4^+-N 含量　　（mg/kg）

土层深度（cm）	未沙化	轻度沙化	中度沙化	重度沙化	极重度沙化
0~20	9.39±0.89aA	5.12±0.76bB	3.02±0.43cC	2.06±0.22dD	1.68±0.07eE

（续表）

土层深度（cm）	未沙化	轻度沙化	中度沙化	重度沙化	极重度沙化
20~40	7.08±0.78aA	3.63±0.54bB	2.72±0.21cC	1.63±0.07dD	1.38±0.03eE
40~60	3.85±1.04aA	1.72±0.62bB	1.66±0.32bB	1.20±0.07cC	0.92±0.05dD
60~80	2.78±0.53aA	1.62±0.57aA	1.07±0.07cC	1.05±0.11cC	0.87±0.09dC
80~100	1.42±0.32aA	0.97±0.11bB	0.94±0.13bB	0.91±0.03bB	0.85±0.06bB
均值	4.90±0.57aA	2.61±0.63bB	1.88±0.28cC	1.37±0.13dD	1.14±0.07eD

沙化草地导致土壤0~100 cm土层NO_3^--N含量下降79.79%。随着草地沙化严重程度增加，土壤NO_3^--N含量逐渐降低，且降低幅度呈逐渐减小的变化特征，轻度沙化、中度沙化、重度沙化和极重度沙化草地分别降低了43.35%、66.49%、75.13%和79.79%。方差分析结果表明，不同程度沙化草地土壤NO_3^--N含量差异达极显著水平（$P<0.01$）（表6-4）；在土层剖面上，0~20 cm土层NO_3^--N下降幅度最明显，下降幅度达88.82%，其中，轻度沙化阶段减少数量最多，达7.30 mg/kg，且随着沙化严重程度增加，其减少数量呈逐渐降低的变化特征，其中极重度沙化阶段减少数量最小，仅为0.76 mg/kg。随着土层深度增加，草地沙化对土壤NO_3^--N的影响程度逐渐降低，其中，80~100 cm土层极重度沙化草地较未沙化草地土壤NO_3^--N含量下降了49.16%。方差分析结果表明，各土层剖面上，不同程度沙化草地土壤NO_3^--N含量差异的均达极显著水平，但随着土层深度增加，其差异逐渐缩小（$P<0.01$）。

表6-4　不同程度沙化草地土壤NO_3^--N含量　　　　（mg/kg）

土层深度（cm）	未沙化	轻度沙化	中度沙化	重度沙化	极重度沙化
0~20	13.77±1.29aA	6.47±1.04bB	3.42±0.82cC	2.30±0.12dD	1.54±0.07eE
20~40	7.48±1.05aA	4.27±0.63bB	2.12±0.51cC	1.60±0.07dD	1.43±0.03eE
40~60	3.41±1.02aA	2.56±0.72bB	1.63±0.13cC	1.24±0.11dD	1.03±0.09eD
60~80	2.52±0.91aA	1.83±0.61bB	1.32±0.17cC	1.09±0.24cdC	0.95±0.03dC
80~100	1.79±0.41aA	1.25±0.27bA	1.21±0.09bB	0.95±0.05cB	0.91±0.07cB
均值	5.79±1.03aA	3.28±0.47bB	1.94±0.31cC	1.44±0.13dD	1.17±0.05eD

四、不同沙化程度草地土壤有机氮的变化特征

（一）不同沙化程度草地土壤酸解全氮的变化特征

土壤酸解全氮（TAHN）是土壤有机氮的重要组成部分，与土壤可矿化氮存

在较强的相关性，反映土壤供氮能力的重要指标。草地沙化导致土壤 $0 \sim 100$ cm 土层 TAHN 大量流失，极重度沙化草地较未沙化草地土壤 THAN 含量减少了 262.23 mg/kg，降低幅度达 77.25%。草地沙化进程中，TAHN 含量及降低幅度呈逐渐减小的变化特征，其中，轻度沙化阶段较未沙化阶段、中度沙化阶段较轻度沙化阶段、重度沙化阶段较中度沙化阶段、极重度沙化阶段较重度沙化阶段沙化草地土壤 TAHN 分别减少了 153.76 mg/kg、64.64 mg/kg、33.11 mg/kg 和 10.72 mg/kg，降低幅度分别为 45.29%、34.81%、27.35% 和 12.19%。方差分析结果表明，不同程度沙化草地之间 $0 \sim 100$ cm 土层土壤 TAHN 含量差异达极显著水平（$P<0.01$）（表 6-5）。从土层剖面分析，$0 \sim 20$ cm 土层土壤 TAHN 含量受草地沙化影响最为明显，极重度沙化阶段较未沙化阶段草地减少了 709.77 mg/kg，降低幅度达 90.58%。其中轻度沙化阶段较未沙化阶段、中度沙化阶段较轻度沙化阶段、重度沙化阶段较中度沙化阶段、极重度沙化阶段较重度沙化阶段沙化草地土壤 TAHN 减少数量分别达 475.45 mg/kg、167.61 mg/kg、55.28 mg/kg 和 11.43 mg/kg，降低幅度分别达 60.68%、54.39%、39.34% 和 13.41%，方差分析结果表明，不同程度沙化草地之间 $0 \sim 20$ cm 土层土壤 TAHN 含量差异达极显著水平（$P<0.01$）。随着土层深度增加，草地沙化对土壤 TAHN 的影响逐渐降低，$20 \sim 40$ cm、$40 \sim 60$ cm、$60 \sim 80$ cm 和 $80 \sim 100$ cm 土层极重度沙化草地较未沙化草地土壤 TAHN 含量分别减少了 290.70 mg/kg、161.12 mg/kg、89.37 mg/kg 和 60.18 mg/kg，降低幅度分别为 78.97%、67.56%、52.80% 和 43.64%。方差分析结果表明，不同程度沙化草地之间在 $20 \sim 40$ cm、$40 \sim 60$ cm、$60 \sim 80$ cm 和 $80 \sim 100$ cm 土层土壤 TAHN 差异均达极显著水平（$P<0.01$）。

表 6-5　不同沙化程度草地土壤酸解全氮含量　　　　　　　（mg/kg）

土层深度（cm）	未沙化	轻度沙化	中度沙化	重度沙化	极重度沙化
0~20	783.59±0.02aA	308.14±0.02bB	140.53±0.01cC	85.25±0.03dD	73.82±0.03eD
20~40	368.13±0.02aA	214.97±0.03bB	137.75±0.04cC	88.41±0.21dD	77.43±0.26eD
40~60	238.49±0.26aA	160.14±0.62bB	121.57±0.21cC	88.29±0.33dD	77.37±0.08eD
60~80	169.26±0.10aA	132.37±0.25bB	108.02±0.16cC	89.19±0.08dD	79.89±0.06eD
80~100	137.89±0.12aA	112.95±0.04bB	97.46±0.06dD	88.66±0.04cC	77.71±0.07eD
均值	339.47±0.13aA	185.71±0.24bB	121.07±0.16cC	87.96±0.23dD	77.24±0.14eD

（二）不同沙化程度草地土壤非酸解全氮的变化特征

土壤 NAHN 相对于土壤 TAHN 不易矿化分解，是土壤中比较稳定的有机氮组分。不同程度沙化草地土壤 NAHN 含量差异明显，其含量值介于 20.54~189.41 mg/kg（表6-6）。土壤 NAHN 含量随草地沙化严重程度增加而呈现逐渐减少的变化特征，轻度沙化阶段、中度沙化阶段、重度沙化阶段和极重度沙化阶段较未沙化草地 0~100 cm 土层的 NAHN 分别降低了 28.78%、49.68%、54.01% 和 64.02%。不同程度沙化草地之间土壤 NAHN 含量差异极显著（$P<0.01$）。在土层剖面上，0~20 cm 土层土壤 NAHN 变化最明显，其中，轻度沙化阶段、中度沙化阶段、重度沙化阶段和极重度沙化阶段土壤较未沙化草地 NAHN 含量分别降低了 18.24%、33.23%、51.56% 和 69.28%。随着土层深度增加，土壤 NAHN 随沙化严重程度增加其降低幅度呈逐渐减少的变化特征，与未沙化草地相比，极重度沙化草地 20~40、40~60、60~80、80~100 cm 土层土壤 NAHN 降低幅度分别为 59.61%、66.56%、57.41%、59.65%。

表6-6　不同沙化程度草地土壤非酸解氮含量　　　　　　　　　　（mg/kg）

土层深度（cm）	未沙化	轻度沙化	中度沙化	重度沙化	极重度沙化
0~20	189.40±0.04aA	154.86±0.11bB	126.47±0.10cC	91.75±0.05dD	58.18±0.11eE
20~40	107.87±0.10aA	92.03±0.02bB	69.25±0.23dD	64.59±0.02cC	43.57±0.28eE
40~60	118.51±0.12aA	70.86±0.07bB	43.43±0.09cC	44.71±0.03dD	39.63±0.09eE
60~80	77.74±0.11aA	43.63±0.06bB	23.98±0.08dD	34.81±0.12cC	33.11±0.02eE
80~100	70.11±0.07aA	40.05±0.05bB	20.54±0.05cC	23.34±0.09eE	28.29±0.05dD
均值	112.71±0.09aA	80.27±0.06bB	56.72±0.06cC	51.84±0.03dD	40.56±0.06eE

（三）不同沙化程度草地土壤酸解铵态氮的变化特征

草地沙化导致土壤 0~100 cm 土层 ASAN 大量流失，极重度沙化草地较未沙化草地土壤 ASAN 含量减少了 89.64 mg/kg，降低幅度达 77.70%。草地沙化进程中，轻度沙化阶段较未沙化阶段、中度沙化阶段较轻度沙化阶段、重度沙化阶段较中度沙化阶段、极重度沙化阶段较重度沙化阶段沙化草地土壤 ASAN 分别减少了 51.73 mg/kg、22.75 mg/kg、12.46 mg/kg 和 2.70 mg/kg，降低幅度分别为 44.84%、35.75%、30.48%和 9.50%。方差分析结果表明，不同程度沙化草地之间 0~100 cm 土层土壤 ASAN 含量差异达极显著水平（$P<0.01$）（表6-7）；从土层剖面分析，0~20 cm 土层土壤 ASAN 含量受草地沙化影响最为明显，极重度沙化阶段较未沙化阶段草地减少了 260.57 mg/kg，降低幅度达 91.44%。其中轻度沙化阶段较未沙化阶段、中度沙化阶段较轻度沙化阶段、重度沙化阶段较中度沙

化阶段、极重度沙化阶段较重度沙化阶段沙化草地土壤 ASAN 减少数量分别为 171.12 mg/kg、65.88 mg/kg、19.98 mg/kg 和 3.59 mg/kg，降低幅度分别达 60.05%、57.87%、41.66%和 12.83%。方差分析结果表明，不同程度沙化草地之间 0~20 cm 土层土壤 ASAN 含量差异达极显著水平（$P<0.01$）。随着土层深度增加，草地沙化对土壤 ASAN 的影响逐渐降低，20~40 cm、40~60 cm、60~80 cm 和 80~100 cm 土层极重度沙化草地较未沙化草地土壤 ASAN 含量分别减少了 91.22 mg/kg、47.37 mg/kg、29.15 mg/kg 和 19.93 mg/kg，降低幅度分别为 77.77%、64.59%、52.03%和 44.08%。方差分析结果表明，不同程度沙化草地之间在 20~40 cm、40~60 cm 和 60~80 cm 土层土壤 ASAN 差异均达极显著水平（$P<0.01$），80~100 cm 土层土壤 ASAN 差异均达显著水平（$P<0.05$）。

表 6-7　不同沙化程度草地土壤酸解氨态氮含量　　　　　　（mg/kg）

土层深度（cm）	未沙化	轻度沙化	中度沙化	重度沙化	极重度沙化
0~20	284.96±0.10aA	113.84±0.08bB	47.96±0.99cC	27.98±1.05dD	24.39±0.29dD
20~40	117.29±0.06aA	71.94±0.06bB	45.89±0.09cC	28.23±0.07dD	26.07±0.06dD
40~60	73.34±0.06aA	51.51±0.05bB	42.7±0.04cB	27.87±0.06dC	25.97±0.05dC
60~80	56.02±0.03aA	43.91±0.03bAB	37.62±0.03cBC	29.05±0.05dBC	26.87±0.06dC
80~100	45.21±0.04aA	36.95±0.04bA	30.25±0.05cA	28.98±0.07cA	25.28±0.04Ad
均值	115.36±0.09aA	63.63±0.07bB	40.88±0.26cC	28.42±0.28dD	25.72±0.12dD

（四）不同沙化程度草地土壤酸解氨基酸态氮的变化特征

草地沙化导致土壤 0~100 cm 土层 AAN 流失，极重度沙化草地较未沙化草地土壤 AAN 含量减少了 112.90 mg/kg，降低幅度达 79.53%。草地沙化进程中，轻度沙化阶段较未沙化阶段、中度沙化阶段较轻度沙化阶段、重度沙化阶段较中度沙化阶段、极重度沙化阶段较重度沙化阶段沙化草地土壤 AAN 分别减少了 67.10 mg/kg、28.54 mg/kg、13.00 mg/kg 和 4.26 mg/kg，降低幅度分别为 47.27%、38.12%、28.07%和 12.79%。

方差分析结果表明，不同程度沙化草地之间 0~100 cm 土层土壤 AAN 含量差异达极显著水平（$P<0.01$）（表 6-8）。从土层剖面分析，0~20 cm 土层土壤 AAN 含量受草地沙化影响最为明显，极重度沙化阶段较未沙化阶段草地减少了 291.52 mg/kg，降低幅度达 91.01%。其中轻度沙化阶段较未沙化阶段、中度沙

化阶段较轻度沙化阶段、重度沙化阶段较中度沙化阶段、极重度沙化阶段较重度
沙化阶段沙化草地土壤 AAN 减少数量分别达 201.37 mg/kg、66.25 mg/kg、
20.49 mg/kg 和 3.41 mg/kg，降低幅度分别达 62.86%、55.69%、38.87% 和
10.58%。方差分析结果表明，不同程度沙化草地之间 0~20 cm 土层土壤 AAN 含
量差异达极显著水平（$P<0.01$）。随着土层深度增加，草地沙化对土壤 AAN 的
影响逐渐降低，20~40 cm、40~60 cm、60~80 cm 和 80~100 cm 土层极重度沙化
草地较未沙化草地土壤 AAN 含量分别减少了 121.33 mg/kg、78.29 mg/kg、
42.80 mg/kg 和 30.56 mg/kg，降低幅度分别为 80.43%、72.69%、59.31% 和
52.01%。方差分析结果表明，不同程度沙化草地之间在 20~40 cm、40~60 cm、
60~80 cm 和 80~100 cm 土层土壤 AAN 差异均达显著水平（$P<0.01$）。

表 6-8　不同沙化程度草地土壤氨基酸态氮含量　　　　　　　　　　（mg/kg）

土层深度（cm）	未沙化	轻度沙化	中度沙化	重度沙化	极重度沙化
0~20	320.33±0.09aA	118.96±0.09bB	52.71±0.09cC	32.22±0.05dD	28.81±0.07eD
20~40	150.85±0.06aA	87.16±0.04bB	54.92±0.07cC	34.16±0.04dD	29.52±0.25eD
40~60	107.71±0.03aA	69.65±0.15bB	46.74±0.05cC	34.03±0.04dD	29.42±0.09eD
60~80	72.16±0.07aA	53.16±0.05bB	39.5±0.23cC	33.14±0.07dD	29.36±0.04eD
80~100	58.77±0.06aA	45.35±0.03bB	37.72±0.06cC	33.03±0.02dD	28.21±0.04eD
均值	141.96±0.05aA	74.86±0.09bB	46.32±0.11cC	33.32±0.04dD	29.06±0.12eD

（五）不同沙化程度草地土壤酸解氨基糖态氮的变化特征

草地沙化导致土壤 0~100 cm 土层 ASN 流失，极重度沙化草地较未沙化草地
土壤 ASN 含量减少了 23.94 mg/kg，降低幅度达 68.93%。草地沙化进程中，轻
度沙化阶段较未沙化阶段、中度沙化阶段较轻度沙化阶段、重度沙化阶段较中度
沙化阶段、极重度沙化阶段较重度沙化阶段沙化草地土壤 ASN 分别减少了
15.42 mg/kg、5.37 mg/kg、2.27 mg/kg 和 0.88 mg/kg，降低幅度分别为
44.40%、27.81%、16.28% 和 7.54%。方差分析结果表明，不同程度沙化草地之
间 0~100 cm 土层土壤 ASN 含量差异达极显著水平（$P<0.01$）（表 6-9）。从土
层剖面分析，0~20 cm 土层土壤 ASN 含量受草地沙化影响最为明显，极重度沙
化阶段较未沙化阶段草地减少了 71.32 mg/kg，降低幅度达 87.77%。其中轻度沙
化阶段较未沙化阶段、中度沙化阶段较轻度沙化阶段、重度沙化阶段较中度沙化

阶段、极重度沙化阶段较重度沙化阶段沙化草地土壤 ASN 减少数量分别达 48.60 mg/kg、15.63 mg/kg、6.00 mg/kg 和 1.09 mg/kg，降低幅度分别达 59.81%、47.86%、35.23%和9.88%。方差分析结果表明，不同程度沙化草地之间 0~20 cm 土层土壤 ASN 含量差异达极显著水平（$P<0.01$）。随着土层深度增加，草地沙化对土壤 ASN 的影响逐渐降低，20~40 cm、40~60 cm、60~80 cm 和 80~100 cm 土层极重度沙化草地较未沙化草地土壤 ASN 含量分别减少了 27.67 mg/kg、12.98 mg/kg、5.56 mg/kg 和 2.16 mg/kg，降低幅度分别为 72.91%、55.47%、32.51%和15.49%。方差分析结果表明，不同程度沙化草地之间在 20~40 cm 土壤 ASN 差异达极显著水平（$P<0.01$），在 40~60 cm 和 60~80 cm 土层土壤 ASN 差异均达显著水平（$P<0.01$），在 80~100 cm 土层土壤 ASN 差异不显著（$P<0.05$）。

表6-9　不同程度沙化草地土壤氨基糖态氮含量　　　（mg/kg）

土层深度（cm）	未沙化	轻度沙化	中度沙化	重度沙化	极重度沙化
0~20	81.26±0.05aA	32.66±0.05bB	17.03±0.04cC	11.03±0.04dC	9.94±0.05dC
20~40	37.95±0.05aA	21.06±0.08bB	14.26±0.03cC	11.26±0.03cC	10.28±0.06cC
40~60	23.4±0.04aA	15.86±0.05bA	13.34±0.03bcA	11.81±0.04bcA	10.42±0.04cA
60~80	17.1±0.03aA	14.42±0.02bA	12.75±0.04bA	12.08±0.03bA	11.54±0.06bA
80~100	13.94±0.05aA	12.57±0.04aA	12.31±0.05aA	12.18±0.07aA	11.78±0.06aA
均值	34.73±0.04aA	19.31±0.03bB	13.94±0.04cC	11.67±0.05cC	10.79±0.05cC

（六）不同沙化程度草地土壤酸解性未知态氮的变化特征

HUN 是酸解过程中还未能鉴别的含氮化合物。但 Kelley 等（1996）研究认为 HUN 主要为非 α-氨基酸氮、N-苯氧基氨基酸态氮和嘧啶、嘌呤等杂环氮，此外，还包括部分酸解时能释放的固定态铵。HUN 是土壤有机氮中较为活跃的组分，但目前其供氮能力仍需进一步研究（王淑平等，2003）。在 0~100 cm 土层中，5 种不同沙化程度土壤的 HUN 占 TAHN 的比例为 12.39%~17.63%（表6-10）。草地沙化导致 0~100 cm 土层 HUN 含量大幅降低，极重度沙化草地较未沙化草地减少了 35.74 mg/kg，降低幅度达 75.38%（$P<0.01$），其中，轻度沙化较未沙化阶段、中度沙化较轻度沙化阶段、重度沙化较中度沙化阶段和极重度沙化较重度沙化阶段分别下降了 41.13%、28.59%、26.99%和19.79%。在土层剖面上，0~20 cm 土层 HUN 含量变化最为显著，极重度沙化草地较未沙化草地 HUN

含量减少了 86.36 mg/kg，降低幅度达 88.99%（$P<0.01$），其中，各沙化阶段中，轻度沙化阶段较未沙化阶段降低幅度最为明显，降低幅度达 56.02%。随着土层深度增加，不同程度沙化草地之间 HUN 含量的差异逐渐减小，与未沙化草地相比，极重度沙化草地 80~100 cm 土层降低幅度为 37.71%（$P<0.01$）。

表 6-10　不同沙化程度草地土壤未知态氮含量　　　　　（mg/kg）

土层深度（cm）	未沙化	轻度沙化	中度沙化	重度沙化	极重度沙化
0~20	97.04±0.11aA	42.68±0.03bB	22.83±0.04cC	14.02±0.03dD	10.68±0.05eE
20~40	62.04±0.24aA	34.81±0.36bB	22.68±0.12cC	14.76±0.06dD	11.56±0.06dD
40~60	34.04±0.14aA	23.12±0.13bB	18.79±0.07cC	14.58±0.05eE	11.56±0.04dD
60~80	23.98±0.13aA	20.88±0.06bB	18.15±0.05cC	14.92±0.06eD	12.12±0.01dD
80~100	19.97±0.05aA	18.08±0.05bB	17.18±0.04cC	14.47±0.02dD	12.44±0.12dD
均值	47.41±0.13aA	27.91±0.12bB	19.93±0.06cC	14.55±0.04dD	11.67±0.06dD

五、不同沙化程度草地土壤微生物量氮的变化特征

极重度沙化导致草地土壤 0~100 cm 土层 MBN 含量较未沙化下降了 84.09%，随着草地沙化严重程度增加，土壤微生物量氮含量和损失速率逐渐降低，其中，轻度沙化较未沙化阶段、中度沙化较轻度沙化阶段、重度沙化较中度沙化阶段和极重度沙化较重度沙化阶段草地 MBN 含量分别降低了 46.88%、44.12%、31.10% 和 22.22%。方差分析结果表明，不同程度沙化草地土壤 MBN 含量差异达极显著水平（$P<0.01$）（表 6-11）；在土层剖面上，0~20 cm 土层 MBN 下降幅度最明显，极重度沙化草地较未沙化草地下降 91.76%，其中，轻度沙化阶段减少数量最多，达 9.46 mg/kg，随着沙化严重程度的增加，MBN 减少量呈现逐渐降低的变化特征，极重度沙化阶段仅减少了 0.91 mg/kg。随着土层深度增加，草地沙化对土壤 MBN 的影响逐渐降低，其中，80~100 cm 土层极重度沙化草地较未沙化草地土壤 MBN 含量仅下降了 44.81%。方差分析结果表明，各土层剖面上，不同程度沙化草地之间其土壤 MBN 含量的差异水平均达极显著（$P<0.01$），但随着土层深度增加，差异逐渐缩小。

表 6-11　不同程度沙化草地土壤微生物量氮含量　　　　　（mg/kg）

土层深度（cm）	未沙化	轻度沙化	中度沙化	重度沙化	极重度沙化
0~20	18.71±0.85aA	9.25±0.98bB	4.18±0.13cC	2.45±0.46dD	1.54±0.31eE

（续表）

土层深度（cm）	未沙化	轻度沙化	中度沙化	重度沙化	极重度沙化
20~40	8.32±1.38aA	3.51±0.64bB	2.25±0.52cC	1.69±0.09dD	1.28±0.13eD
40~60	4.15±0.67aA	2.81±0.46bB	1.78±0.23cC	1.28±0.17dD	1.08±0.05dD
60~80	2.48±0.53aA	1.79±0.41bB	1.24±0.13cC	0.92±0.08dC	0.84±0.03dC
80~100	1.54±0.27aA	1.34±0.23bA	0.98±0.07cB	0.84±0.03cB	0.85±0.02cB
均值	7.04±0.74aA	3.74±0.48bB	2.09±0.3cC	1.44±0.27dD	1.12±0.08eD

六、沙化草地土壤氮素及有机氮之间的相关性分析

相关分析表明，研究区土壤全氮、碱解氮、铵态氮、硝态氮、有机氮组分和微生物量氮之间均呈极显著正相关关系（$P<0.01$），其中，土壤全氮与碱解氮、铵态氮、硝态氮、酸解全氮、非酸解全氮、酸解铵态氮、酸解氨基酸态氮、酸解氨基糖态氮、酸解未知态氮和微生物量氮的相关系数分别为 0.958**、0.962**、0.990**、0.991**、0.883**、0.988**、0.990**、0.984**、0.980**、0.987**。相关系数最低出现在非酸解全氮与酸解氨基糖态氮之间，为 0.795**，最高出现在酸解全氮与酸解氨基酸态氮之间，高达 0.999**（$P<0.01$）（表6-12）。说明草地在沙化过程中，土壤无机氮、有机氮和微生物量氮含量密切相关，对草地沙化的响应具有一致性。

表6-12　土壤氮素及氮组分之间的相关关系

项目	碱解氮	铵态氮	硝态氮	酸解全氮	非酸解全氮	酸解铵态氮	酸解氨基酸态氮	酸解氨基糖态氮	酸解未知态氮	微生物量氮
全氮	0.958**	0.962**	0.990**	0.991**	0.883**	0.988**	0.990**	0.984**	0.980**	0.987**
碱解氮	1	0.957**	0.975**	0.926**	0.923**	0.928**	0.917**	0.925**	0.928**	0.969**
铵态氮		1	0.974**	0.942**	0.887**	0.929**	0.941**	0.932**	0.967**	0.953**
硝态氮			1	0.981**	0.870**	0.979**	0.976**	0.979**	0.982**	0.991**
酸解全氮				1	0.810**	0.998**	0.999**	0.996**	0.988**	0.978**
非酸解全氮					1	0.807**	0.812**	0.795**	0.808**	0.871**
酸解铵态氮						1	0.994**	0.997**	0.978**	0.981**
酸解氨基酸态氮							1	0.991**	0.986**	0.970**
酸解氨基糖态氮								1	0.979**	0.982**
酸解未知态氮									1	0.965**

注：** 为极显著相关（$P<0.01$）相关性。

第四节 讨 论

一、草地沙化对土壤全氮和碱解氮的影响

本研究结果表明（图6-1），川西北高寒草原不同程度沙化草地0~100 cm土层TN、AN含量的差异达极显著水平，随着沙化进程，TN、AN含量呈逐渐降低的变化特征，降低幅度分别达73.95%和77.72%。这一方面是由于草地沙化导致研究区有机碳大量损失，而相关分析表明，研究区土壤有机碳与氮素之间存在极显著正相关关系。另一方面，Garcia等和Marticorena等研究指出土壤有机质常与土壤细小颗粒结合，土地沙化因导致土壤细小颗粒减少而引起土壤碳氮损失，而苏永中等和赵哈林等研究进一步指出，与黏粉粒、极细砂结合的TN含量远高于粗砂组分的TN含量。本研究结果表明，TN、AN与黏粒和粉粒含量呈极显著正相关关系（$P<0.01$），草地沙化过程中，土壤颗粒组成呈现出沙粒增加，而黏粒和粉粒减少的变化特征，这是研究区TN、AN含量下降的另一重要原因之一。不同沙化阶段，TN、AN减少量及降低幅度存在差异，其中，轻度沙化阶段变化最为明显，TN、AN含量分别降低了41.18%和35.17%，随着沙化进程的推进，TN、AN减少数量逐渐降低。表明研究区草地沙化前期阶段对土壤氮素影响更为严重。因此应及时对川西北高寒草原轻度沙化草地及潜在沙化草地进行土壤培肥及生态修复治理应注重，以避免草地沙化进一步恶化。草地沙化进程中，0~20 cm土层TN、AN含量分别降低幅度明显高于其他土层，降低幅度分别达86.43%和83.52%，而随着土层深度增加，草地沙化对TN、AN的影响逐渐减弱，表明草地沙化对表层土壤TN、AN影响更为显著。这是由于表层土壤受风蚀和过度放牧影响较下层土壤更为严重，导致土壤有机碳和黏粒、粉粒大量减少，从而引起TN、AN的来源急剧减少。上述研究结果与赵哈林等、Zhou和李侠等关于我国干旱半干旱地区草地沙化进程中土壤氮素的变化规律相一致。说明川西北半湿润地区草地沙化过程中TN和AN变化特征与我国北方干旱半干旱地区草地相似。

二、草地沙化对土壤铵态氮和硝态氮的影响

NH_4^+-N 和 NO_3^--N 等是植物直接吸收利用的重要地下氮素宝库，对于植物生长具有至关重要的作用。因此，掌握草地沙化过程中土壤 NH_4^+-N 和 NO_3^--N 的变化特征，对于掌握草地沙化过程中土壤肥力降低机制，培肥沙化草地，恢复地表

植被具有关键性作用。研究结果表明，随着草地沙化进程的推进，土壤 NH_4^+-N 和 NO_3^--N 含量及降低幅度逐渐减小，且表层 0~20 cm 土层减少数量及下降幅度均较下层土壤更明显。这与 TN、AN 的变化特征相同。但是草地沙化进程中，0~100 cm 土层 NH_4^+-N 和 NO_3^--N 降低幅度与 TN、AN 存在较大差异，且呈现出 NO_3^--N>AN>NH_4^+-N>TN 的变化特征。从不同沙化阶段来看，NH_4^+-N 和 NO_3^--N 等降低幅度均呈现出 CTRL-LDG >LDG-MDG >MDG-HDG >HDG-SDG 的变化特征，这表明川西北高寒草原草地沙化进程中，土壤 NH_4^+-N 和 NO_3^--N 损失主要在沙化前期阶段，尤其是 CTRL-LDG 阶段。这与 TN 的变化特征一致（图 6-1）。

三、草地沙化对土壤有机氮的影响

土壤有机态氮是土壤氮素的主要存在形态，占土壤氮素的90%以上，是矿质态氮的源和库，虽然目前土壤有机氮组分研究较多，涉及范围广泛，但是关于草地上沙化过程中土壤有机氮的变化特征等方面的研究未见报道。本研究结果表明，随着草地沙化进程，土壤 TAHN、ASAN、ASN 和 AAN 含量及降低幅度逐渐减小，且表层 0~20 cm 土层减少数量及下降幅度均较下层土壤更明显。这与 TN、AN 的变化特征相同。但是草地沙化进程中，0~100 cm 土层 TAHN、ASAN、ASN 和 AAN 降低幅度与 TN、AN 存在较大差异，且呈现出 AAN > AN > ASAN > TAHN>TN>ASN 的变化特征。从各沙化阶段不同形态氮素降低幅度大小来看，CTRL-LDG、LDG-MDG 和 MDG-HDG 均呈现出 ASAN、ASN 和 AAN 明显高于其他形态的氮素的特征。上述结果表明，草地沙化进程中，土壤 ASAN、ASN 和 AAN 对草地沙化十分敏感，在沙化前期和中期阶段其降低幅度最大。从不同沙化阶段来看，TAHN、ASAN、ASN 和 AAN 等降低幅度均呈现出 CTRL-LDG>LDG-MDG>MDG-HDG>HDG-SDG 变化特征，这表明川西北高寒草原草地沙化进程中，土壤有机氮损失主要在沙化前期阶段，尤其是 CTRL-LDG 阶段。这与 TN 的变化特征一致（图 6-1）。

四、草地沙化对土壤微生物量氮的影响

本研究结果表明，随着草地沙化进程，土壤 MBN 含量及降低幅度逐渐减小，且表层 0~20 cm 土层减少数量及下降幅度均较下层土壤更明显。这与 TN、AN 的变化特征相同。但是草地沙化进程中，0~100 cm 土层 MBN 降低幅度与 TN、AN 存在较大差异，且呈现出 MBN>AN>TN 的变化特征。从各沙化阶段不同形态氮素降低幅度大小来看，HDG-SDG 呈现出 MBN 降低幅度高于其他形态的氮。从

不同沙化阶段来看，MBN 降低幅度呈现出 CTRL – LDG > LDG – MDG > MDG – HDG>HDG-SDG 变化特征，这表明川西北高寒草原草地沙化进程中，土壤微生物量氮损失主要在沙化前期阶段，尤其是 CTRL-LDG 阶段，这与 TN 的变化特征一致（图6-1）。

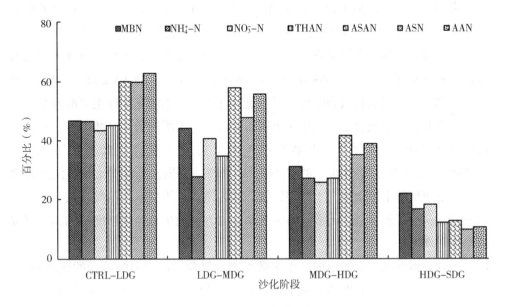

图6-1　草地各沙化阶段的土壤各种氮素形态的含量比较

第五节　结　论

随着草地沙化程度的增加，土壤全氮和碱解氮含量呈现大幅减少的变化趋势。0~100 cm 土层，极重度沙化阶段较未沙化阶段土壤全氮和碱解氮含量分别下降了73.89%和77.72%。其中，0~20 cm 土层变化最为明显，极重度沙化草地较未沙化草地土壤全氮和碱解氮含量降低幅度分别达73.89%和77.72%。不同土层深度土壤全氮含量随草地沙化程度的加剧，其降低幅度逐渐减小。

随着草地沙化程度的增加，土壤铵态氮含量和土壤硝态氮含量均呈现大幅减少的变化趋势。0~100 cm 土层，极重度沙化阶段较未沙化阶段土壤铵态氮含量和土壤硝态氮含量分别下降了76.75%和79.79%。其中，0~20 cm 土层变化最为明显，极重度沙化草地较未沙化草地土壤铵态氮含量和土壤硝态氮含量分别降低了82.11%和88.82%。不同土层深度土壤铵态氮含量和土壤硝态氮含量随草地沙化程度的加剧，其降低幅度逐渐减小。

随着草地沙化程度的增加，土壤酸解全氮含量、土壤非酸解全氮含量、土壤酸解铵态氮含量、土壤酸解氨基酸态氮含量、土壤酸解氨基糖态氮含量、土壤酸解性未知态氮含量均呈现大幅减少的变化趋势。0~100 cm土层，极重度沙化阶段较未沙化阶段土壤酸解全氮含量、土壤非酸解全氮含量、土壤酸解铵态氮含量、土壤酸解氨基酸态氮含量、土壤酸解氨基糖态氮含量、土壤酸解性未知态氮含量分别下降了77.25%、64.02%、77.70%、79.53%、68.93%和75.38%。其中，0~20 cm土层变化最为明显，极重度沙化草地较未沙化草地土壤酸解全氮含量、土壤非酸解全氮含量、土壤酸解铵态氮含量、土壤酸解氨基酸态氮含量、土壤酸解氨基糖态氮含量、土壤酸解性未知态氮含量分别降低了90.58%、69.28%、91.44%、91.01%、87.77%和88.99%。不同土层深度土壤酸解全氮含量、土壤非酸解全氮含量、土壤酸解铵态氮含量、土壤酸解氨基酸态氮含量、土壤酸解氨基糖态氮含量、土壤酸解性未知态氮含量随草地沙化程度的加剧，其降低幅度逐渐减小。

随着草地沙化程度的增加，土壤微生物量氮含量呈现大幅减少的变化趋势。0~100 cm土层，极重度沙化阶段较未沙化阶段土壤微生物量氮含量下降了84.09%。其中，0~20 cm土层变化最为明显，极重度沙化草地较未沙化草地土壤微生物量氮含量降低幅度达91.76%。不同土层深度土壤微生物量氮含量随草地沙化程度的加剧，其降低幅度逐渐减小。

草地沙化过程中，土壤全氮、碱解氮、铵态氮、硝态氮、有机氮组分和微生物量氮之间均呈极显著正相关关系。

参考文献

阿穆拉，赵萌莉，韩国栋，等，2011.放牧强度对荒漠草原地区土壤有机碳及全氮含量的影响 [J].中国草地学报，33（3）：115-118.

鲍士旦，2000.土壤农化分析 [M].北京：中国农业出版社.

党亚爱，王国栋，李世清，2012.黄土高原典型土壤有机氮组分剖面分布的变化特征 [J].中国农业科学，44（24）：5 021-5 030.

杜森，高祥照，2006.土壤分析技术规范 [M].中国农业出版社.

李巍，陈涵贞，吕新，等，2013.抗真菌转基因水稻种植对土壤有机氮组分
　　的影响［J］.南方农业学报，44（2）：248-252.

李侠，李潮，蒋进平，等，2013.盐池县不同沙化草地土壤特性［J］.草业科
　　学，30（11）：1 704-1 709.

梁兰英，2001.紫外分光光度法测定土壤中的硝态氮［J］.甘肃环境研究与监
　　测，14（2）：80-81.

罗如熠，张世熔，徐小逊，等，2015.黑河下游湿地土壤有机氮组分剖面的
　　分布特征［J］.生态学报，35（4）：1-13.

马晓霞，王莲莲，黎青慧，等，2012.长期施肥对玉米生育期土壤微生物量
　　碳氮及酶活性的影响［J］.生态学报，32（17）：5 502-5 511.

聂玲玲，冯娟娟，吕素莲，等，2012.真盐生植物盐角草对不同氮形态的响
　　应［J］.生态学报，32（18）：5 703-5 712.

乔有明，王振群，段中华，2009.青海湖北岸土地利用方式对土壤碳氮含量
　　的影响［J］.草业学报，18（6）：105-112.

苏永中，赵哈林，2003.农田沙漠化过程中土壤有机碳和氮的衰减及其机理
　　研究［J］.中国农业科学，36（8）：928-934.

王晋，庄舜尧，朱兆良，2014.不同种植年限水田与旱地土壤有机氮组分变
　　化［J］.土壤学报，51（2）：286-294.

王淑平，周广胜，姜亦梅，等，2003.施用玉米残体对土壤有机氮组分特征
　　的影响［J］.吉林农业大学学报，25（3）：311-314.

王忠华，叶庆富，舒庆尧，等，2002.转基因植物根系分泌物对土壤微生态
　　的影响［J］.应用生态学报，13（3）：373-375.

吴建国，韩梅，苌伟，等，2007.祁连山中部高寒草甸土壤氮矿化及其影响
　　因素研究［J］.草业学报，16（6）：39-46.

谢秋发，刘经荣，石庆华，等，2004.不同施肥方式对水稻产量，吸氮特性
　　和土壤氮转化的影响［J］.植物营养与肥料学报，10（5）：462-467.

杨成德，龙瑞军，陈秀蓉，等，2008.东祁连山不同高寒草地类型土壤表层
　　碳、氮、磷密度特征［J］.中国草地学报，30（1）：1-5.

查春梅，颜丽，郝长红，等，2007.不同土地利用方式对棕壤有机氮组分及
　　其剖面分布的影响［J］.植物营养与肥料学报，13（1）：22-26.

张静，马玲，丁新华，等，2014.扎龙湿地不同生境土壤微生物生物量碳氮

的季节变化 [J]. 生态学报, 34 (13): 3 712-3 719.

张俊清, 朱平, 张夫道, 2004.有机肥和化肥配施对黑土有机氮形态组成及分布的影响 [J]. 植物营养与肥料学报, 10 (3): 245-249.

张玉玲, 陈温福, 虞娜, 等, 2012.长期不同土地利用方式对潮棕壤有机氮组分及剖面分布的影响 [J]. 土壤学报, 49 (4): 740-747.

张玉霞, 姚拓, 王国基, 等, 2014.高寒生态脆弱区不同扰动生境草地植被及土壤无机氮变化特征 [J]. 草业学报, 23 (4): 245-252.

赵哈林, 李玉强, 周瑞莲, 2007.沙漠化对科尔沁沙质草地生态系统碳氮储量的影响 [J]. 应用生态学报, 18 (11): 2 412-2 417.

赵哈林, 周瑞莲, 苏永中, 等, 2008.科尔沁沙地沙漠化过程中土壤有机碳和全氮含量变化 [J]. 生态学报, 28 (3): 976-982.

赵彤, 闫浩, 蒋跃利, 等, 2013.黄土丘陵区植被类型对土壤微生物量碳氮磷的影响 [J]. 生态学报, 33 (18): 5 615-5 622.

朱兆良, 2008.中国土壤氮素研究 [J]. 土壤学报, 45 (5): 778-783.

朱震达, 陈广庭, 1994.中国土地沙质荒漠化 [M]. 北京: 科学出版社.

AL-KAISI M M, YIN X H, LICHT M A, 2005.Soil carbon and nitrogen changes as affected by tillage system and crop biomass in a corn-soybean rotation [J]. Applied Soil Ecology, 30 (3): 174-191.

GARICA C, HERNANDEZ T, 1996.Organic matter in bare soils of the Mediterranean region with a semiarid climate [J]. Arid Land Research and Management, 10 (1): 31-41.

KELLY R H, BURKE I C, LAUENROTH W K, 1996.Soil organic matter and nutrient availability responses to reduced plant inputs in shortgrass steppe [J]. Ecology, 77 (8): 2 516-2 527.

MARTICORENA B, BERGAMETTI G, GILLETTE D, et al., 1997.Factors controlling threshold friction veROCity in semiarid and arid areas of the United States [J]. Journal of Geophysical Research: Atmospheres (1984—2012), 102 (D19): 23 277-23 287.

STEVENSON F J, 1982.Organic forms of soil nitrogen//Stevenson F J.ni-teogen in agricultural soils [M]. Madison Wisconsin, USA: American Society of Agronomy Incorporated.

ZHAO H L, HE Y H, ZHOU R L, et al., 2009.Effects of desertification on soil organic C and N content in sandy farmland and grassland of Inner Mongolia ［J］. Catena, 77 (3): 187-191.

ZHOU R L, LI Y Q, ZHAO H L, et al., 2008.Desertification effects on C and n content of sandy soils under grassland in Horqin, northern China ［J］. Geoderma, 145 (3/4): 370-375.

第七章　川西北高寒草地沙化对土壤微生物的影响

　　高寒草地生态系统是高原畜牧业生产的重要物质基础，也是我国内陆及周边地区巨大的生态屏障，自20世纪以来，受全球气候变化与人类活动的干扰，高寒草地生态系统面临严峻的退化问题。草地退化不仅威胁着地表植被、土壤肥力与结构，同时也影响着土壤微生物的活动。土壤微生物直接或间接地调控生态系统的多种功能与服务，在生态系统中极为重要，土壤微生物不仅会为植物提供养分，也会与植物存在养分竞争。认识草地生态系统退化过程中微生物群落结构与多样性的变化特征，对于预测生态系统功能以及未来的生态修复工作极为关键。

　　近年来，随着高通量测序技术的发展，我们能够从分子生物学水平深入了解土壤中微生物群落结构、多样性及其功能。本研究以川西北4种草地类型作为研究对象，通过高通量测序技术，探究土壤细菌群落组成在川西北高寒草地退化过程中的响应变化，旨在揭示川西北高寒草地退化条件下土壤微生物的响应，为今后川西北退化草地的修复治理工作提供科学依据。

第一节　研究区概况

　　研究区概况同第三章第一节。

第二节　研究方法

一、样品采集与处理

　　通过实地勘察，在红原县沙化土地分布多而集中的瓦切乡选择采样点。5种沙化类型草地均选择3处地形和土壤母质一致的样地作为重复，每个样地内均选取1个面积大小为1 m×1 m的样方用于土壤样品采集。在选定样方内分别采集0~20 cm、20~40 cm和40~60 cm土壤样品，去除杂物及植物根系、凋落物等。

土壤样品冷藏于−4 ℃冰箱内，用于测定微生物的数量及其多样性。本实验采样时间为 2014 年。

二、 测定方法

（一）DNA 提取及扩增测序

土壤总 DNA 使用美国 OMEGA 公司的 Mo Bio Power Soil DNA Isolation Kit（MP Biomedicals，Santa Ana，CA，USA）试剂盒，每个样品称取约 0.5 g 新鲜土壤，按照试剂盒提取步骤进行。用 1%的琼脂糖凝胶电泳检测提取 DNA 的纯度和完整性，用核酸定量仪 Nano Drop ND−1000（Thermo Fisher Scientific，Waltham，M A，USA）检测提取 DNA 的浓度和纯度。用引物 338F（5′-ACTCCTACGGGAGGCAGC-A-3′）和 806R（5′-ACTACHVGGGTWTCTAAT-3′）扩增细菌 16S rRNA 基因的 V3−V4 区。PCR 反应体系包括：2 μL（40~50 ng）DNA 模板，上下游引物（10 μmol/L）各 1 μL，5 μL 缓冲液（×5），5 μL Q5 高保真缓冲液（×5），高保真 DNA 聚合酶（5 U/μL）0.25 μL，2 μL d NTP（2.5 m mol/L），8.75 μL 超纯水（dd H_2O），共 25 μL。PCR 扩增条件为：98 ℃ 2 min 预变性，然后进行（98 ℃ 15 s，55 ℃ 30 s，72 ℃ 30 s）25 个循环，最后 72 ℃延伸 5 min。PCR 扩增产物通过 2%琼脂糖凝胶电泳进行检测，并对目标片段进行切胶回收，回收采用 AXYGEN 公司的凝胶回收试剂盒，产物送上海派森诺公司进行上机测序。

（二）生物信息学分析

通过使用 QIIME 软件和 UPARSE pipeline 对原始下机序列进行过滤、拼接、去除嵌合体，并对序列长度进行筛选。使用 QIIME 软件，调用 UCLUST 这一序列比对工具，将相似度大于 97%的有效序列进行归并和 OTU 划分，并选取每个 OTU 中丰度最高的序列作为该 OTU 的代表序列，通过将 OTU 代表序列与 Silva 数据库的模板序列相比对，获取每个 OTU 所对应的分类学信息。随后，根据每个 OTU 在每个样本中所包含的序列数，构建 OTU 在各样本中丰度的矩阵文件（即 OTU table）。对 OTUs 进行丰度指数和多样性指数等分析，包括群落丰富度 Chao1 指数和 ACE 指数，群落均匀度 Shannon 指数和 Simpson 指数。

三、数据处理

不同退化草地土细菌多样性和群落组成的差异比较采用单因素方差分析（one way ANOVA），不同处理间的差异显著性校验采用最小显著性差异法 LSD（Least-Significant Difference）法。使用 RStudio v3.5.1 软件中的"microeco"对相对微生物群落组成、微生物 β 多样性，以及群落与土壤环境因子的关系进行分析。

第三节　结果与分析

一、不同沙化程度草地土壤微生物数量的变化特征

研究结果表明，在不同程度沙化草地中土壤细菌在微生物群落构成中占绝对比重（表7-1），这与蔡晓布等（2007）的研究相一致。较未沙化草地，轻度、中度、重度及极重度沙化草地三大菌数量均显著降低。在0~60 cm 土层，极重度沙化草地较未沙化草地土壤细菌、真菌及放线菌分别减少了 87.66%、76.12% 和 88.24%。不同沙化草地0~20 cm 表层土壤微生物总数均显著高于下层，且随着土层加深，微生物数量不断降低。在三大土壤菌中，以细菌和放线菌数量下降最为明显，真菌在中度、重度及极重度沙化草地中变化不大，而细菌和放线菌数量持续下降。

表 7-1　草地沙化土壤微生物数量的变化

沙化程度	土层（cm）	细菌（$\times 10^6$ cfu/g）	真菌（$\times 10^3$ cfu/g）	放线菌（$\times 10^6$ cfu/g）
未沙化	0~20	4.23±2.60a	21.50±3.47a	4.32±2.69a
	20~40	2.93±1.28b	18.33±1.78a	1.67±1.49a
	40~60	2.30±1.18a	3.00±0.85a	0.63±1.25a
	均值	3.16	14.28	2.21
轻度沙化	0~20	3.93±3.14b	16.17±3.96b	2.03±2.00b
	20~40	3.03±1.34a	6.67±1.56b	1.13±1.34b
	40~60	1.67±0.89b	2.50±0.79b	0.38±1.42b
	均值	2.88	8.44	1.18
中度沙化	0~20	3.50±0.58c	7.83±1.37c	1.73±1.01c
	20~40	1.87±0.81c	2.33±1.76c	0.73±0.65c
	40~60	0.97±0.82c	3.00±0.36c	0.10±1.12c
	均值	2.11	4.39	0.86
重度沙化	0~20	3.12±0.87d	7.50±3.52c	0.90±2.80d
	20~40	0.37±0.47d	3.00±2.38c	0.33±1.91d
	40~60	0.22±0.74d	1.00±3.34c	0.22±1.17c
	均值	1.24	3.83	0.48

（续表）

沙化程度	土层（cm）	细菌 （×10⁶ cfu/g）	真菌 （×10³ cfu/g）	放线菌 （×10⁶ cfu/g）
	0~20	0.58±1.56e	6.00±1.65d	0.23±0.46e
极重度沙化	20~40	0.40±2.08d	3.50±2.55c	0.35±1.02d
	40~60	0.18±2.12d	0.73±1.37d	0.18±1.00c
	均值	0.39	3.41	0.26

注：多重比较采用最小显著性差异（LSD）法，同一土层不同沙化程度之间不同小写字母表示在 $P<0.05$ 水平下差异显著。下同。

二、不同沙化程度草地土壤微生物多样性的变化特征

（一）土壤细菌群落多样性分析

Shannon 和 Simpson 指数来估算供试土壤样品中微生物的 α 多样性，Chao1 指数是生态学中估计生物物种总数和菌群丰富度的常用指数，用来估算群落中 OTU 数目。本文研究表明，细菌 Shannon 指数随退化程度的加剧呈现出先下降后升高的趋势，而 Chao1 指数呈下降趋势。其中中度退化草地 Shannon 指数最高为 6.61，未退化草地 Chao1 指数最高为 2 493.6（表 7-2）。

表 7-2　草地退化对土壤细菌多样性的影响

退化阶段	Shannon	Chao1	Simpson	Coverage
未退化 ND	6.42（0.27）	2493.6（192.2）	0.991（0.005）	0.971（0.004）
轻度退化 LD	6.23（0.25）	2296.6（36.82）	0.991（0.004）	0.973（0.003）
中度退化 MD	6.61（0.00）	2190.9（76.79）	0.996（0.00）	0.994（0.003）
重度退化 HD	6.50（0.02）	1967.9（180.8）	0.995（0.00）	0.996（0.006）

（二）土壤细菌群落组成分析

在门水平上，主要优势菌门为放线菌门（Actinobacteria）、变形菌门（Proteobacteria）、酸酐菌门（Acidobacteria）和绿弯菌门（Chloroflexi），相对丰度分别为 4.75%~36.11%、16.14%~24.70%、10.12%~21.84% 和 8.24%~18.09%。其他平均相对丰度占 1% 以上的门类群分别为厚壁菌门（Firmicutes）、芽单胞菌门（Gemmatimonadetes）、硝化螺旋菌门（Nitrospirae）、疣微菌门（Verrucomicrobia）和拟杆菌门（Bacteroidetes）。随沙化程度的加剧，放线菌门

（Actinobacteria）与绿弯菌门（Chloroflexi）相对丰度呈上升趋势，而厚壁菌门（Firmicutes）相对丰度呈降低趋势（图 7-1 和图 7-2）。

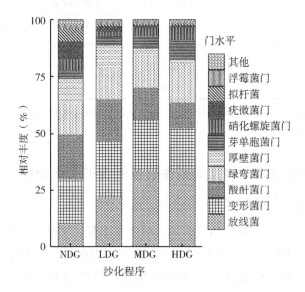

图 7-1 草地退化对土壤细菌门水平丰度的影响

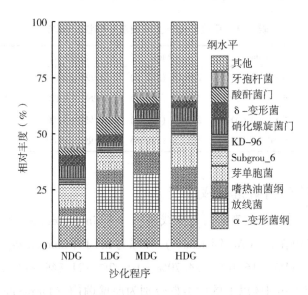

图 7-2 草地退化对土壤细菌纲水平丰度的影响

（三）土壤环境因子与细菌群落组成的相关性分析

PCoA 分析结果表明，草地沙化显著改变了微生物群落结构。细菌群落与土壤环境因子的 RDA 排序结果如图 7-3 所示，两轴的累积贡献率达 86%，表明土壤环境因子会相助影响土壤细菌群落结构。

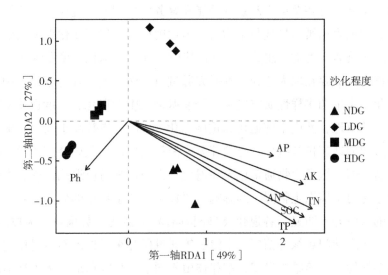

图 7-3　土壤环境因子与细菌群落的相关分析

第四节　讨　论

一、草地沙化对微生物数量的影响

土壤微生物作为土壤重要组成部分，受土壤环境及地上生物多样性等诸多因素的影响，可用于预测土壤环境变化，是土壤质量及恢复性能评价的重要指标。土壤微生物量既是土壤有机质与养分转化和循环的动力，也是植物有效养分的储备库，因此其在土壤肥力与植物营养供给中具有重要作用。吴永胜等研究了内蒙古退化荒漠草原，结果表明，微生物数量随草地退化程度的增加而减小。吕桂芬等研究内蒙古地区荒漠草原退化过程，结果表明，随着退化程度的加剧，土壤微生物数量随着草地退化程度加剧而递减。本研究结果表明，土壤微生物数量随沙化程度的加剧而降低，在土壤表层尤为明显，与以上研究结果具有一致性。可见，草地沙化会对土壤微生物造成严重破坏，可能随着草地沙化的加剧，土壤理化性质急剧恶化，使得微生物生存的土壤环境严重破坏，加之地表植被减少和土壤养分的大量流失，微生物赖以生存的能源物质严重匮乏，使得土壤微生物大幅度减低，进而导致土壤微生物群落结构失衡。

二、草地沙化对微生物多样性的影响

草地土壤微生物在草地生态系统功能和服务中发挥着关键作用，已知草地退化会直接影响地表植被多样性与生物量。因过度放牧、气候变化以及其他生物非生物因素对土壤微生物群落组成和分布的影响，在不同退化类型草地土壤细菌多样性以及群落组成存在较大差异。本研究通过对天然草地、轻度退化、中度退化和重度退化土壤细菌多样性研究发现，轻度退化、中度退化和重度退化 Chao1 指数均低于天然草地，然而中度退化和重度退化 Shannon 指数高于天然草地。尽管草地退化过程使地表植被减少、土壤养分流失和土壤结构破坏会破坏微生物稳定的生长环境，但土壤微生物通常也会在退化过程中逐步适应退化过程。本研究发现，草地退化对土壤微生物群落的影响主要集中于微生物量的变化，对于微生物群落结构的影响并不明显，各退化类型间具有相类似的优势菌群，为放线菌门、变形菌门、酸酐菌门和绿弯菌门。李海云等通过研究东祁连山不同退化高寒草地土壤细菌多样性与群落结构发现，东祁连山不同退化高寒草地土壤中细菌的优势菌群为变形菌门、绿弯菌门和放线菌门，与本研究结果十分接近，表明不同地区的退化土壤类型间微生物种群结构分布虽存在明显差异，但优势菌群基本一致。上述研究表明，草地退化对土壤微生物量的影响强度高于对土壤微生物群落结构。

本研究通过 RDA 分析了细菌群落与土壤环境因子间的相互关系，研究表明，土壤细菌群落结构的变化主要受土壤环境因子的影响。这一现象的出现主要是由于草地植被及土壤结构破坏使得微生物可利用的营养物质迅速下降、土壤水热环境变差，从而导致微生物生存与繁殖环境变劣，最终导致微生物数量和活性大幅下降。草地退化直接影响了地表植物的分布，因此也必然对土壤微生物造成影响，反之土壤微生物的改变又引起了土壤理化性质的改变，由此加剧了这一过程，草地土壤微生物与植被、土壤之间存在着一定的相互作用与联系，需从中找出能够维持土壤微生物多样性较为合理的放牧强度，进而为东祁连山高寒草地生态环境的保护提供理论依据。

第五节　结　论

随着沙化程度和土层深度的增加，土壤细菌、真菌和放线菌数量显著下降。在 0~60 cm 土层，极重度沙化草地较未沙化草地土壤细菌、真菌及放线菌分别减少了 87.66%、76.12% 和 88.24%。这表明土壤沙化的加剧会导致土壤微生物数量显著降低，破坏土壤微生物群落结构。

研究通过对天然草地、轻度退化、中度退化和重度退化土壤细菌多样性研究发现，轻度退化、中度退化和重度退化 Chao1 指数均低于天然草地，然而中度退化和重度退化 Shannon 指数高于天然草地。草地退化对土壤微生物群落的影响主要集中于微生物量的变化，对于微生物群落结构的影响并不明显，各退化类型间具有相类似的优势菌群，为放线菌门、变形菌门、酸酐菌门和绿弯菌门。

参考文献

蔡晓布，钱成，张永清，2007.退化高寒草原土壤生物学性质的变化 [J]. 应用生态学报，18（8）：1 733-1 738.

胡雷，王长庭，王根绪，等，2014.三江源区不同退化演替阶段高寒草甸土壤酶活性和微生物群落结构的变化 [J]. 草业学报，23（3）：8-19.

黄懿梅，安韶山，曲东，等，2005.两种测定土壤微生物量氮方法的比较初探 [J]. 植物营养与肥料学报，11（6）：830-835.

李海云，姚拓，张建贵，等，2018.东祁连山退化高寒草地土壤细菌群落与土壤环境因子间的相互关系 [J]. 应用生态学报，29（11）：3 793-3 801.

刘富庭，张林森，李雪薇，等，2014.生草对渭北旱地苹果园土壤有机碳组分及微生物的影响 [J]. 植物营养与肥料学报，20（2）：355-363.

吕桂芬，吴永胜，李浩，等，2010.荒漠草原不同退化阶段土壤微生物、土壤养分及酶活性的研究 [J]. 中国沙漠，30（1）：104-109.

牛钰杰，2020.青藏高原东缘高寒草地裂缝分布、发生机理及生态学效应研究 [D]. 兰州：甘肃农业大学.

王长庭，龙瑞军，王启兰，等，2008.三江源区高寒草甸不同退化演替阶段土壤有机碳和微生物量碳的变化 [J]. 应用与环境生物学报，14（2）：

225-230.

吴永胜，马万里，李浩，等，2010.内蒙古退化荒漠草原土壤有机碳和微生物生物量碳含量的季节变化 [J]. 应用生态学报, 21 (2)：312-316.

尹亚丽，刘颖，李世雄，2021.退化高寒草甸土壤细菌群落特征对补播的响应研究 [J]. 青海大学学报, 39 (3)：49-54, 60.AL-KAISI M M, YIN X H, LICHT M A, 2005.Soil carbon and nitrogen changes as affected by tillage system and crop biomass in a corn-soybean rotation [J]. Applied Soil Ecology, 30 (3)：174-191.

CAPORASO J G, BITTINGER K, BUSHMAN F D, et al., 2010.A flexible tool for aligning sequences to a template alignment [J]. Bioinformatics, 26：266-267.

QUAST C, PRUESSE E, YILMAZ P, et al., 2013.The SILVA ribosomal RNA gene database project：improved data processing and web-based tools [J]. Nucleic Acids Res, 41：590-596.

SETIA R, VERMA S L, MARSCHNER P, 2012.Measuring microbial biomass carbon by direct extraction-comparison with chloroform fumigation-extraction [J]. European Journal of Soil Biology, 53：103-106.

第八章 川西北高寒草地沙化对土壤酶的影响

土壤酶指土壤中具有生物催化能力的一些特殊蛋白质类化合物的总称。土壤微生物所引起的各种生物化学过程，全部是借助于它们所产生的酶来实现的，因此土壤酶活性不仅可以表征土壤物质能量代谢旺盛程度，而且可以作为评价土壤肥力高低、生态环境质量优劣的一个重要生物指标。土壤酶作为土壤组分中最活跃的有机成分之一，参与土壤中各种化学反应和生物化学过程，在土壤养分矿化分解、矿质营养元素循环、能量转移过程中扮演着重要角色，同时其活性常作为评价土壤质量的重要生物指标之一。与土壤有机物质矿化分解、矿质营养元素循环、能量转移、环境质量等密切相关，其活性不仅能反映出土壤微生物活性的高低，而且能表征土壤养分转化和运移能力的强弱，是评价土壤肥力的重要参数之一。土壤酶的主要来源是土壤微生物、植物及土壤中原生动物的分泌物，所以植物群落组成、微生物类群以及土壤理化性质等的改变，必然会造成土壤酶活的动态变化。本研究以川西北高寒沙化草地为研究对象，通过对不同沙化程度高寒草地不同土层，土壤脲酶、蛋白酶、硝酸还原酶及精氨酸脱氨酶活性的研究，以期揭示高寒草地沙化土壤酶活性变化特征，为深入了解高寒草地沙化土壤酶活性的变化及今后沙地修复工作提供理论依据。

第一节 研究区概况

研究区概况同第三章第一节。

第二节 研究方法

一、样品采集与处理

2014 年在红原县沙化草地分布较多且集中的瓦切乡选择采样点。选择不同沙化程度的草地为研究样地，分别为：未沙化草地（Non - desertification

grassland，NDG）、轻度沙化草地（Light-desertification grassland，LDG）、中度沙
化草地（Medium-desertification grassland，MDG）和严重沙化草地（Heavy-deser-
tification grassland，HDG）。4 种沙化类型草地均选择 3 处地形和土壤母质一致的
样地作为重复，各样地内选取 1 个面积大小为 1 m×1 m 的样方，在选定样方内分
别采集 0~20 cm、20~40 cm 和 40~60 cm 土壤样品，去除杂物及植物根系、凋落
物等。土壤样品冷藏于 4 ℃ 冰箱，用于测定土壤脲酶、蛋白酶、硝酸还原酶以
及精氨酸脱氨酶的活性。

二、测定方法

土壤脲酶根据 Tabatabai 方法测定（黄懿梅等，2005）；土壤蛋白酶采用福林
比色法；土壤硝酸还原酶活性采用 Kandeler 比色法测定；土壤精氨酸脱氨酶采用
Kandeler 比色法测定；土壤可溶性有机氮为溶解性全氮与无机氮的差值。

三、数据处理

利用 Excel 2003 软件进行数据预处理与图表绘制。利用 SPSS 17.0 软件进行
数据分析，对不同退化草地土壤有机碳的差异比较采用单因素方差分析（one
way ANOVA），不同处理间的差异显著性校验采用最小显著性差异法 LSD
（Least-Significant Difference）法。

第三节 结果与分析

一、不同沙化程度草地土壤脲酶的变化特征

研究结果表明，不同沙化程度草地土壤脲酶存在显著差异（$P<0.05$）（表
8-1）。其中，相较于未沙化草地，轻度沙化、中度沙化和重度沙化草地土壤脲
酶活性分别降低了 57.14%、64.28% 和 73.21%。在 0~20 cm 土层，土壤脲酶下
降程度尤为明显，相较于未沙化草地，轻度、中度和重度沙化草地土壤脲酶分别
下降了 13.51%、29.73% 和 40.54%。在土层剖面上，随土层深度增加，土壤脲
酶活性不断降低。

表 8-1 不同沙化程度草地土壤脲酶活性的比较 ［g/（kg·2h）］

土层深度（cm）	未沙化	轻度沙化	中度沙化	重度沙化
0~20	0.37±0.01a	0.32±0.03b	0.26±0.02c	0.22±0.01d

（续表）

土层深度（cm）	未沙化	轻度沙化	中度沙化	重度沙化
20~40	0.28±0.02a	0.24±0.02b	0.21±0.04c	0.16±0.01d
40~60	0.18±0.01a	0.16±0.01a	0.14±0.01b	0.09±0.01c
均值	0.56	0.24	0.20	0.15

注：多重比较采用最小显著性差异（LSD）法，同一土层不同沙化程度之间不同小写字母表示在 $P<0.05$ 水平下差异显著。下同。

二、不同沙化程度草地土壤蛋白酶的变化特征

由表8-2可知，草地沙化导致0~60 cm土壤蛋白酶呈现大幅下降的趋势，不同沙化草地土壤蛋白酶活性差异显著（$P<0.05$），其中，未沙化草地蛋白酶活性最高可达0.88 mg/（g·h）；相较于未沙化草地，轻度沙化、中度沙化和重度沙化草地土壤蛋白酶分别下降了5.19%、19.48%和33.77%。在0~20 cm土层，土壤蛋白酶活性下降幅度尤为明显，随沙化程度的增加，蛋白酶活性呈下降趋势，相较于未沙化草地，重度沙化草地降低幅度达30.68%。随土层深度增加，各沙化草地土壤蛋白酶活性不断降低。

表8-2　不同沙化程度草地土壤蛋白酶活性的比较　　［mg/（g·h）］

土层深度（cm）	未沙化	轻度沙化	中度沙化	重度沙化
0~20	0.88±0.02a	0.85±0.01a	0.72±0.02b	0.61±0.01c
20~40	0.78±0.01a	0.74±0.01b	0.63±0.01c	0.52±0.01d
40~60	0.64±0.02a	0.61±0.03a	0.52±0.01b	0.41±0.04c
均值	0.77	0.73	0.62	0.51

三、不同沙化程度草地土壤硝酸还原酶的变化特征

由表8-3可知，相较于未沙化草地，重度沙化0~60 cm土壤硝酸还原酶含量下降了37.11%，随沙化程度增加，土壤硝酸还原酶活性呈显著降低趋势（$P<0.05$）。其中，在0~20 cm土层，相较于未沙化草地，轻度沙化、中度沙化和重度沙化草地土壤硝酸还原酶活性分别降低了14.29%、27.82%和39.85%。随土层深度的增加，土壤硝酸还原酶活性呈不断降低的趋势。

表8-3　不同沙化程度草地土壤硝酸还原酶活性的比较　[μg/（g·24h）]

土层深度（cm）	未沙化	轻度沙化	中度沙化	重度沙化
0~20	1.33±0.04a	1.14±0.04b	0.96±0.01c	0.80±0.04d
20~40	0.95±0.05a	0.88±0.04a	0.74±0.04b	0.61±0.01c
40~60	0.63±0.02a	0.53±0.04b	0.46±0.02bc	0.41±0.02c
均值	0.97	0.85	0.72	0.61

四、不同沙化程度草地土壤精氨酸脱氨酶的变化特征

由表8-4可知，草地沙化导致0~60 cm土壤精氨酸脱氨酶呈现大幅下降的趋势，不同沙化草地土壤精氨酸脱氨酶活性差异显著（$P<0.05$），其中，未沙化草地精氨酸脱氨酶活性最高可达0.25 μg/（g·3h）；相较于未沙化草地，轻度沙化、中度沙化和重度沙化草地土壤精氨酸脱氨酶分别下降了15.79%、31.58%和47.37%。在0~20 cm土层，土壤精氨酸脱氨酶活性下降幅度尤为明显，随沙化程度增加，精氨酸脱氨酶活性呈下降趋势，相较于未沙化草地，重度沙化草地降低幅度达44.00%。随土层深度增加，各沙化草地土壤精氨酸脱氨酶活性不断降低。

表8-4　不同沙化程度草地土壤精氨酸脱氨酶活性　　[μg/（g·3h）]

土层深度（cm）	未沙化	轻度沙化	中度沙化	重度沙化
0~20	0.25±0.01 a	0.21±0.03 b	0.18±0.02 c	0.14±0.01 d
20~40	0.19±0.02 a	0.16±0.02 b	0.14±0.04 c	0.10±0.01 d
40~60	0.12±0.01 a	0.11±0.01 a	0.09±0.01 b	0.06±0.01 c
均值	0.19	0.16	0.13	0.10

五、不同沙化程度草地土壤蔗糖酶的变化特征

研究结果表明（表8-5），草地沙化导致0~60 cm土壤蔗糖酶呈现大幅下降的趋势，不同沙化草地土壤蔗糖酶活性差异显著（$P<0.05$），其中，未沙化草地土壤蔗糖酶活性最高可达11.02 mg/（g·24h）；相较于未沙化草地，轻度沙化、中度沙化和重度沙化草地土壤蔗糖酶活性分别下降了46.61%、69.42%和84.79%。在0~20 cm土层，土壤蔗糖酶活性下降幅度尤为明显，随沙化程度增加，土壤蔗糖酶活性呈下降趋势，相较于未沙化草地，重度沙化草地降低幅度达

85.21%。随土层深度增加，各沙化草地土壤蔗糖酶活性不断降低。

表8-5　不同沙化程度草地土壤蔗糖酶活性的比较　[mg/ (g·24h)]

土层深度（cm）	未沙化	轻度沙化	中度沙化	重度沙化
0~20	11.02±1.43a	4.73±0.56b	2.83±0.76c	1.63±0.90cd
20~40	5.10±0.66a	3.49±0.80ab	2.06±1.49bc	0.73±0.32c
40~60	2.03±0.83a	1.46±0.45ab	0.65±0.25bc	0.40±0.18c
均值	6.05	3.23	1.85	0.92

第四节　讨　论

研究结果表明，草地沙化会加速地表植被多样性降低和土壤理化性质破坏，引起土壤生产潜力损失，进而破坏草地生态系统平衡。尤全刚等研究表明，高寒草甸草地退化不仅会导致草地植被群落特征改变，同时也会改变土壤水热条件，如降低土壤持水量、饱和电导率及增加导热率，进而加速地表水热交换。贺凤鹏等（2016）对温带草地退化土壤剖面微生物学特征的研究表明，土壤表层微生物生物量及酶活性均随退化程度加剧而不断降低，在0~10 cm表层差异尤为明显。本文研究结果表明，草地沙化会导致氮素相关的土壤脲酶、蛋白酶、硝酸还原酶、精氨酸脱氨酶和蔗糖酶活性显著降低，在0~20 cm土层影响尤为明显。而随土层深度增加，土壤酶活性逐步降低，这与贺凤鹏等（2016）研究结果相似。其原因主要是由于草地沙化过程中地表植被破坏及土壤微生物生存环境日趋恶化，而土壤酶主要来源于植被和土壤微生物分泌物的释放，进而使得土壤酶活性受到影响。

第五节　结　论

川西北草地沙化导致土壤酶活性发生较大变化，主要表现为随草地沙化程度加剧，土壤脲酶、蛋白酶、硝酸还原酶、精氨酸脱氨酶和蔗糖酶的活性均呈现显著降低的趋势。在0~60 cm土层，重度沙化草地较未沙化草地土壤脲酶、蛋白酶、硝酸还原酶、精氨酸脱氨酶和蔗糖酶分别减少了73.21%、33.77%、37.11%、47.37%和84.79%。其中0~20 cm土层土壤酶活性变化最为明显。重度沙化草地较未沙化草地土壤脲酶、蛋白酶、硝酸还原酶、精氨酸脱氨酶和蔗糖酶分别减少了 40.54%、30.68%、39.85%、44.00%、85.21%。随着土层深度的增加，各沙化草地土壤脲酶、蛋白酶、硝酸还原酶、精氨酸脱氨酶和蔗糖酶活性均呈现降低趋势。

参考文献

曹慧，孙辉，杨浩，等，2003.土壤酶活性及其对土壤质量的指示研究进展 [J]. 应用与环境生物学报（1）：105-109.

关松荫，1986.土壤酶及其研究法 [M]. 北京：农业出版社.

韩大勇，杨永兴，2020.若尔盖高原沙化沼泽区植物群落物种组成及其驱动因素 [J]. 生态学报，40（16）：5 602-5 610.

贺凤鹏，曾文静，王垦迪，等，2016.温带草原退化对土壤剖面微生物学特征的影响 [J]. 微生物学通报，43（3）：702-711.

黄懿梅，安韶山，曲东，等，2005.两种测定土壤微生物量氮方法的比较初探 [J]. 植物营养与肥料学报，11（6）：830-835.

汪晓菲，何平，康文星，2015.若尔盖县高原草地沙化成因分析 [J]. 中南林业科技大学学报，35（3）：100-106.

尤全刚，薛娴，彭飞，等，2015.高寒草甸草地退化对土壤水热性质的影响及其环境效应 [J]. 中国沙漠（5）：1 183-1 192.

赵哈林，周瑞莲，苏永中，等，2008.科尔沁沙地沙漠化过程中土壤有机碳和全氮含量变化 [J]. 生态学报，28（3）：976-982.

WARDLE D A, 1992. A comparative assessment of factors which influence microbial biomass carbon and nitrogen levels in soil [J]. Biological Reviews, 67（3）：321-358.

第九章　植被—土壤—微生物之间的关联分析

第一节　研究方法及数据处理

结合多年来在川西北高寒沙化草地研究的数据，利用 Pearson 相关系数来计算植被—土壤—微生物之间的相关性，在 Excel 2013 和 SPSS 17.0 软件下进行运算和分析。

第二节　结果与分析

一、土壤有机碳与氮素的关联分析

（一）土壤有机碳与氮素损失程度的对比分析

川西北高寒草原草地沙化导致土壤肥力下降，质量降低，SOC 和 TN 大幅度降低，但降低幅度存在差异，0~100 cm 土层呈现出 TN 含量均值降低幅度高于 SOC 含量均值的变化特征。而在土层剖面上，0~20 cm、20~40 cm、40~60 cm、60~80 cm 和 80~100 cm 土层均呈现出与 0~100 cm 土层相似的变化特征（图 9-1）。

（二）草地沙化过程中土壤 C/N 特征

统计分析结果表明，川西北高寒草原不同程度沙化草地的土壤 C/N 存在较大差异，其值为 8.70~15.28。随着草地沙化进程，0~100 cm 土层土壤 C/N 均值呈现出逐渐升高的趋势（图 9-2），但是 SOC 和 TN 的绝对值减少，这导致土壤氮素缺乏现象更为严重，加速了土壤的氮素矿化速度。

（三）土壤有机碳与氮素的相关性分析

土壤有机碳和氮素均是土壤养分十分重要的组成部分，二者具有较好的相关

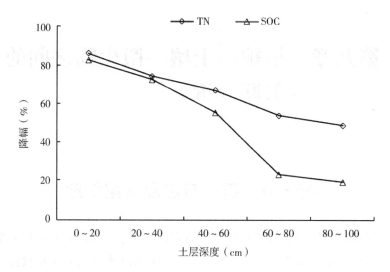

图 9-1　草地沙化过程中土壤碳氮的变化特征

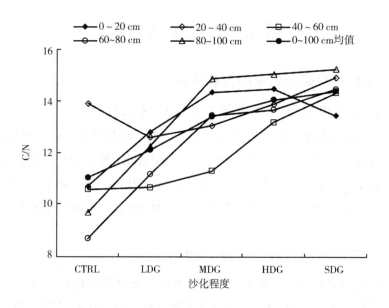

图 9-2　不同沙化阶段土壤 C/N 的变化特征

性，在生态系统的物质循环中常被紧密地联系起来。但是，DOC、ROC、MBC 与 AN、NH_4^+-N、NO_3^--N、MBN、THAN、ASAN、AAN、ASN 不同形态氮素之间的关系的相关报道较少。本研究表明，SOC、DOC、ROC、MBC 与 TN、AN、NH_4^+-

N、NO_3^--N、MBN、THAN、ASAN、AAN、ASN 之间均存在极显著正相关（$P<$ 0.01）（表9-1）。

表 9-1　土壤有机碳与氮素相关性分析

有机碳	TN	AN	NH_4^+-N	NO_3^--N	MBN	THAN	ASAN	AAN	ASN
SOC	0.980 **	0.979 **	0.979 **	0.992 **	0.985 **	0.964 **	0.960 **	0.958 **	0.964 **
DOC	0.990 **	0.969 **	0.975 **	0.997 **	0.988 **	0.984 **	0.980 **	0.979 **	0.980 **
ROC	0.987 **	0.977 **	0.971 **	0.996 **	0.993 **	0.976 **	0.975 **	0.969 **	0.974 **
MBC	0.988 **	0.967 **	0.960 **	0.996 **	0.994 **	0.986 **	0.986 **	0.979 **	0.989 **

注：** 为极显著相关（$P<0.01$）。下同。

二、 土壤有机碳和氮素与地表植被群落盖度的关联分析

（一） 土壤有机碳与地表植被群落盖度的关联分析

图 9-3 表明了 SOC、DOC、ROC 和 MBC 等有机碳含量随地表植被群落盖度变化而变化的特征，结果表明，沙化草地0~20 cm、20~40 cm、40~60 cm、60~80 cm 和 80~100 cm 土层 SOC、DOC、ROC 和 MBC 含量均随地表植被群落盖度增加而呈现出逐渐增加的变化特征，但不同土层的变化趋势程度存在差异，其中，以 0~20 cm 土层折线变化趋势最陡，表明草地沙化进程中，0~20 cm 土层的 SOC、DOC、ROC 和 MBC 含量随受地表植被影响最大。随着土层深度增加，地表植被群落盖度对 SOC、DOC、ROC 和 MBC 的影响程度呈逐渐减弱的变化特征。

相关分析表明，地表群落盖度与 SOC、DOC、ROC 和 MBC 均呈极显著正相

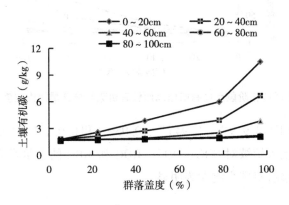

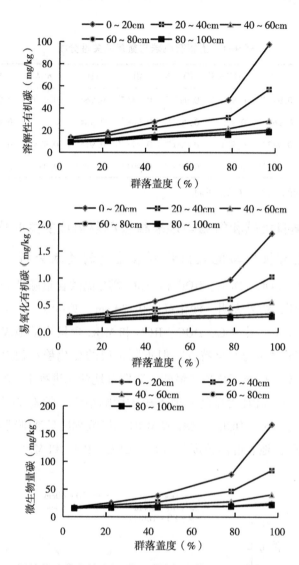

图9-3 不同沙化阶段土壤有机碳及活性有机碳组分含量损失程度对比分析

关，相关系数分别达 0.939**、0.945**、0.950** 和 0.922**（$P<0.01$）。说明草地沙化过程中，地表植被对 SOC、DOC、ROC 和 MBC 的含量具有显著影响，对 0~20 cm 土层土壤有机碳影响尤为明显。

（二）　土壤氮素与地表植被群落盖度的关联分析

图 9-4 显示了 TN、AN、MBN、NH_4^+-N、NO_3^--N、TAHN、ASAN、ASN 和 AAN 等不同形态氮素含量随地表植被群落盖度变化而变化的特征，研究结果表明，沙化草地 0~20 cm、20~40 cm、40~60 cm、60~80 cm 和 80~100 cm 土层 TN、AN、MBN、NH_4^+-N、NO_3^--N、TAHN、ASAN、ASN 和 AAN 等不同形态氮素含量均随地表植被群落盖度增加而呈现出逐渐增加的变化特征，但不同土层变化趋势程度存在差异。其中，0~20 cm 土层折线变化趋势最陡，表明各形态氮素在 0~20 cm 土层随草地沙化程度增加其降低幅度最大。随着土层深度增加，地表植被群落盖度对 TN、AN、MBN、NH_4^+-N、NO_3^--N、TAHN、ASAN、ASN 和 AAN 等不同形态氮素的影响程度而呈逐渐减弱的变化特征，20~40 cm、40~60 cm、60~80 cm 和 80~100 cm 土层各形态氮素与群落盖度拟合折线均趋于平缓，表明其降低幅度较小。相关分析表明，地表群落盖度与 TN、AN、NH_4^+-N、NO_3^--N、MBN、ASAN、ASN 和 AAN 均呈极显著正相关，相关系数分别达 0.930**、0.982**、0.914**、0.932**、0.928**、0.920**、0.924**、0.895** 和 0.916**（$P<0.01$）。说明草地沙化过程中，地表植被对 TN、AN、NH_4^+-N、NO_3^--N、MBN、ASAN、ASN 和 AAN 的含量具有显著影响，且对 0~20 cm 土层土壤氮素影响尤为明显。

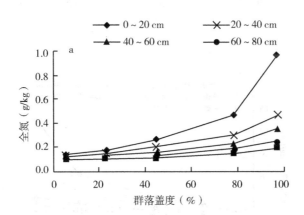

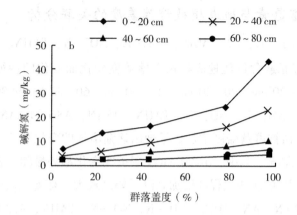

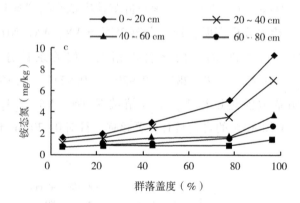

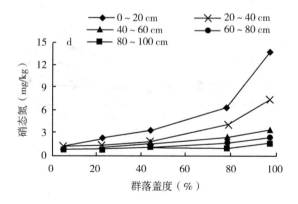

truetrue

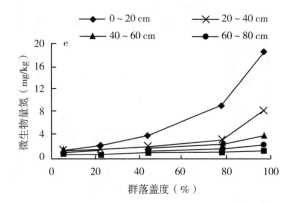

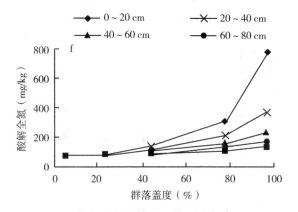

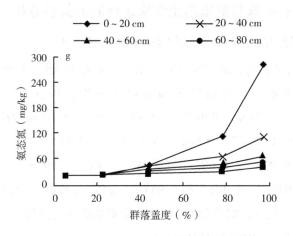

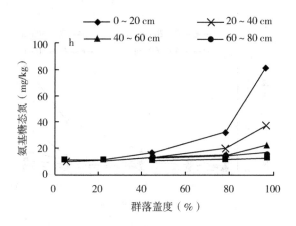

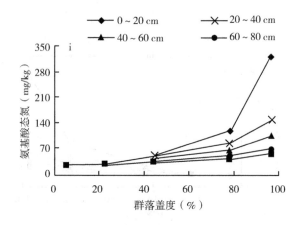

图9-4 群落盖度与氮素的关系

三、土壤有机碳和氮素与土壤物理性质的关联分析

(一) 土壤有机碳与颗粒组成的相关性分析

相关分析结果表明，研究区SOC、DOC、ROC和MBC与土壤沙粒含量均呈极显著负相关关系，与土壤粉粒和黏粒含量均呈极显著正相关关系（$P<0.01$）（图9-5、图9-6、图9-7、图9-8）。其中，SOC与沙粒、粉粒、黏粒的相关系数分别为-0.992[**]、0.987[**]和0.965[**]，DOC与沙粒、粉粒、黏粒的相关系数分别为-0.993[**]、0.993[**]和0.956[**]，ROC与沙粒、粉粒、黏粒的相关系数分别为-0.989[**]、0.984[**]和0.965[**]，MBC与沙粒、粉粒、黏粒的相关系数分别为-0.983[**]、0.982[**]和0.948[**]；说明草地沙化过程中，土壤颗粒组成对SOC、DOC、ROC和MBC具有显著影响。

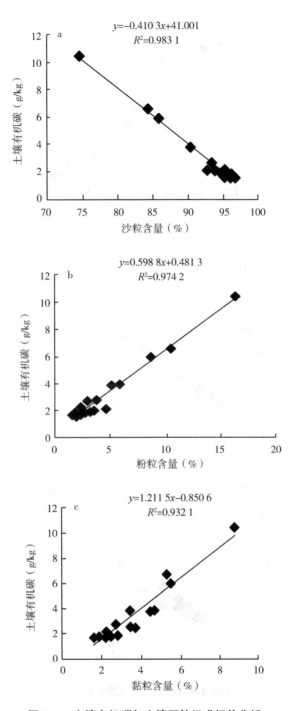

图9-5　土壤有机碳与土壤颗粒组成相关分析

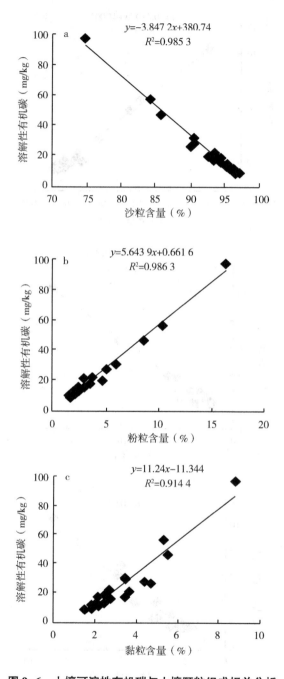

图9-6 土壤可溶性有机碳与土壤颗粒组成相关分析

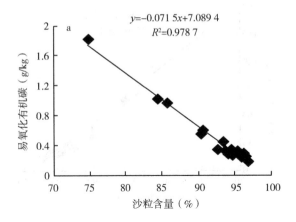

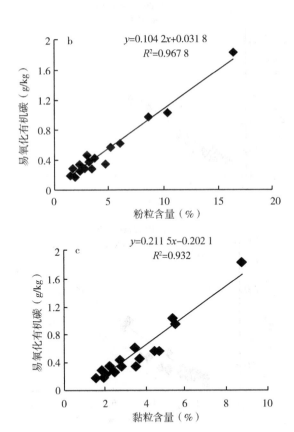

图 9-7 土壤易氧化有机碳与土壤颗粒组成相关分析

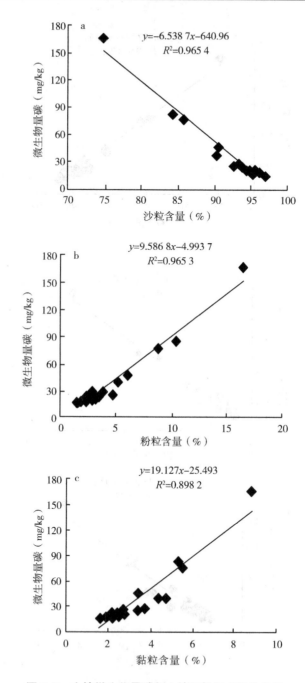

图9-8　土壤微生物量碳与土壤颗粒组成相关分析

（二）土壤氮素与颗粒组成的相关性分析

相关分析结果表明，研究区 TN、AN、MBN、$NH_4^+ - N$、$NO_3^- - N$、TAHN、ASAN、ASN 和 AAN 等不同形态氮素与土壤沙粒含量均呈极显著负相关特征（$P < 0.01$），相关系数分别达 -0.987^{**}、-0.966^{**}、-0.980^{**}、-0.991^{**}、-0.981^{**}、-0.969^{**}、-0.963^{**}、-0.961^{**} 和 -0.965^{**}，与粉粒、黏粒含量均呈极显著正相关特征，其中，TN、AN、MBN、NH_4^+-N、NO_3^--N、TAHN、ASAN、ASN 和 AAN 与粉粒含量的相关系数分别达 0.983^{**}、0.950^{**}、0.982^{**}、0.990^{**}、0.975^{**}、0.973^{**}、0.966^{**}、0.965^{**} 和 0.968^{**}，与黏粒含量的相关系数分别达 0.960^{**}、0.964^{**}、0.941^{**}、0.957^{**}、0.959^{**}、0.927^{**}、0.922^{**}、0.919^{**} 和 0.924^{**}（$P<0.01$）（表 9-2）；说明草地沙化过程中，土壤颗粒组成对 TN、AN、MBN、NH_4^+-N、NO_3^--N、TAHN、ASAN、AAN 和 ASN 具有显著影响。

表 9-2　土壤氮素与土壤颗粒组成的相关性分析

项目	TN	AN	NH_4^+-N	NO_3^--N	MBN	THAN	ASAN	AAN	ASN
沙粒	-0.987^{**}	-0.966^{**}	-0.980^{**}	-0.991^{**}	-0.981^{**}	-0.969^{**}	-0.963^{**}	-0.961^{**}	-0.965^{**}
粉粒	0.983^{**}	0.950^{**}	0.982^{**}	0.990^{**}	0.975^{**}	0.973^{**}	0.966^{**}	0.965^{**}	0.968^{**}
黏粒	0.960^{**}	0.964^{**}	0.941^{**}	0.957^{**}	0.959^{**}	0.927^{**}	0.922^{**}	0.919^{**}	0.924^{**}

（三）土壤有机碳与土壤含水量、温度的相关性分析

相关分析结果表明（表 9-3），研究区 SOC、DOC、ROC 和 MBC 与土壤含水量、土壤温度均呈极显著正相关关系（$P<0.01$）。其中，SOC 与土壤含水量和土壤温度的相关系数分别为 0.733^{**} 和 0.663^{**}，DOC 与土壤含水量和土壤温度的相关系数分别为 0.723^{**} 和 0.619^{**}，ROC 与土壤含水量和土壤温度的相关系数分别为 0.729^{**} 和 0.654^{**}，MBC 与土壤含水量和土壤温度的相关系数分别为 0.739^{**} 和 0.618^{**}；说明草地沙化过程中，土壤含水量和温度对 SOC、DOC、ROC 和 MBC 具有显著影响。

表 9-3　土壤有机碳与物理性质的相关性分析

项目	SOC	DOC	ROC	MBC
土壤含水量	0.733^{**}	0.723^{**}	0.729^{**}	0.739^{**}
土壤温度	0.663^{**}	0.619^{**}	0.654^{**}	0.618^{**}

（四）土壤氮素与土壤温度、含水量的相关性分析

相关分析结果表明（表9-4），研究区土壤 TN、AN、NH_4^+-N、NO_3^--N、TAHN、NAHN、ASAN、AAN、ASN、HUN 和 MBN 与土壤含水量和土壤温度均呈极显著正相关关系（$P<0.01$）。其中，TN 与土壤含水量和土壤温度的相关系数分别为 0.702** 和 0.602**，AN 与土壤含水量和土壤温度的相关系数分别为 0.771** 和 0.778**，NH_4^+-N 与土壤含水量和土壤温度的相关系数分别为 0.651** 和 0.651**，NO_3^--N 与土壤含水量和土壤温度的相关系数分别为 0.718** 和 0.643**，TAHN 与土壤含水量和土壤温度的相关系数分别为 0.686** 和 0.517**，NAHN 与土壤含水量和土壤温度的相关系数分别为 0.652** 和 0.808**，ASAN 与土壤含水量和土壤温度的相关系数分别为 0.702** 和 0.529**，AAN 与土壤含水量和土壤温度的相关系数分别为 0.667** 和 0.501**，ASN 与土壤含水量和土壤温度的相关系数分别为 0.710** 和 0.523**，HUN 与土壤含水量和土壤温度的相关系数分别为 0.667** 和 0.511**，MBN 与土壤含水量和土壤温度的相关系数分别为 0.740** 和 0.651**；说明草地沙化过程中，土壤含水量和温度对 TN、AN、NH_4^+-N、NO_3^--N、TAHN、NAHN、ASAN、AAN、ASN、HUN 和 MBN 具有显著影响。

表9-4 土壤氮素与物理性质之间的相关性分析

项目	TN	AN	NH_4^+-N	NO_3^--N	TAHN	NAHN	ASAN	AAN	ASN	HUN	MBN
土壤含水量	0.702**	0.771**	0.651**	0.718**	0.686**	0.652**	0.702**	0.667**	0.710**	0.667**	0.740**
土壤温度	0.602**	0.778**	0.651**	0.643**	0.517**	0.808**	0.529**	0.501*	0.523**	0.511**	0.651**

四、土壤有机碳和氮素与微生物的相关性分析

（一）土壤有机碳与微生物的相关性分析

相关分析结果表明（表9-5），研究区 SOC、HA、DOC、ROC 和 MBC 与土壤细菌、真菌和放线菌均呈极显著正相关关系（$P<0.05$）。其中，SOC 与土壤细菌、真菌和放线菌的相关系数分别为 0.791**、0.923** 和 0.961**，HA 与土壤细菌、真菌和放线菌的相关系数分别为 0.791**、0.915** 和 0.948**，DOC 与土壤细菌、真菌和放线菌的相关系数分别为 0.755*、0.908** 和 0.954**，ROC 与土壤细菌、真菌和放线菌的相关系数分别为 0.755**、0.907** 和 0.960**，MBC

与土壤细菌、真菌和放线菌的相关系数分别为 0.732**、0.900** 和 0.960**；说明草地沙化过程中，SOC、HA、DOC、ROC 和 MBC 含量对土壤细菌、真菌和放线菌具有显著影响。

表 9-5 土壤有机碳、腐殖质碳、微生物数量与微生物生物量的相关性分析

项目	SOC	HA	DOC	EOC	MBC
细菌	0.791**	0.791**	0.755**	0.755**	0.732**
真菌	0.923**	0.915**	0.908**	0.907**	0.900**
放线菌	0.961**	0.948**	0.954**	0.960**	0.960**

（二）土壤氮素与微生物的相关性分析

相关分析结果表明（表 9-6），研究区土壤 TN、AN、NH_4^+-N、NO_3^--N、TAHN、NAHN、ASAN、AAN、ASN、HUN 和 MBN 与土壤细菌、真菌和放线菌均呈极显著正相关关系（$P<0.05$）。其中，TN 与土壤细菌、真菌和放线菌的相关系数分别为 0.747**、0.862** 和 0.949**，AN 与土壤细菌、真菌和放线菌的相关系数分别为 0.854**、0.931** 和 0.982**，NH_4^+-N 与土壤细菌、真菌和放线菌的相关系数分别为 0.775**、0.920** 和 0.915**，NO_3^--N 与土壤细菌、真菌和放线菌的相关系数分别为 0.757**、0.915** 和 0.959**，TAHN 与土壤细菌、真菌和放线菌的相关系数分别为 0.683**、0.841** 和 0.926**，NAHN 与土壤细菌、真菌和放线菌的相关系数分别为 0.910**、0.831** 和 0.913*，ASAN 与土壤细菌、真菌和放线菌的相关系数分别为 0.679**、0.839** 和 0.936**，AAN 与土壤细菌、真菌和放线菌的相关系数分别为 0.674**、0.824** 和 0.912**，ASN 与土壤细菌、真菌和放线菌的相关系数分别为 0.671**、0.850** 和 0.937**，HUN 与土壤细菌、真菌和放线菌的相关系数分别为 0.712**、0.870** 和 0.910**，MBN 与土壤细菌、真菌和放线菌的相关系数分别为 0.738**、0.901** 和 0.964**。说明在草地沙化过程中，TN、AN、NH_4^+-N、NO_3^--N、TAHN、NAHN、ASAN、AAN、ASN、HUN 和 MBN 对土壤细菌、真菌和放线菌具有显著影响。

表 9-6 土壤氮素与微生物之间的相关性分析

项目	TN	AN	NH_4^+-N	NO_3^--N	TAHN	NAHN	ASAN	AAN	ASN	HUN	MBN
细菌	0.747**	0.854**	0.775**	0.757**	0.683**	0.910**	0.679**	0.674**	0.671**	0.712**	0.738**

（续表）

项目	TN	AN	NH_4^+-N	NO_3^--N	TAHN	NAHN	ASAN	AAN	ASN	HUN	MBN
真菌	0.862**	0.931**	0.920**	0.915**	0.841**	0.831**	0.839**	0.824**	0.850**	0.870**	0.901**
放线菌	0.949**	0.982**	0.915**	0.959**	0.926**	0.913**	0.936**	0.912**	0.937**	0.910**	0.964**

五、土壤有机碳和氮素与酶活性的相关性分析

（一）土壤有机碳与酶活性的相关性分析

相关分析结果表明（表9-7），研究区SOC、DOC、ROC和MBC与土壤蛋白酶、脲酶、硝酸还原酶、精氨酸脱氨酶和蔗糖酶呈极显著正相关关系（$P<0.01$）。SOC与5种酶的相关系数分别为0.891**、0.863**、0.883**、0.891**和0.863**，腐殖质碳与5种酶的相关系数分别为0.882**、0.866**、0.869**、0.882**和0.866**。DOC与5种酶的相关系数分别为0.861**、0.829**、0.849**、0.861**和0.829**，ROC与5种酶的相关系数分别为0.864**、0.834**、0.855**、0.864**和0.834**，MBC与5种酶的相关系数分别为0.848**、0.806**、0.844**、0.848**和0.806**；说明草地沙化过程中，SOC、DOC、ROC和MBC含量对土壤蛋白酶、脲酶、硝酸还原酶、精氨酸脱氨酶和蔗糖酶具有显著影响。

表9-7　土壤有机碳与酶活性的相关关系

项目	SOC	HA	DOC	EOC	MBC
蛋白酶	0.891**	0.882**	0.861**	0.864**	0.848**
脲酶	0.863**	0.866**	0.829**	0.834**	0.806**
硝酸还原酶	0.883**	0.869**	0.849**	0.855**	0.844**
精氨酸脱氨酶	0.891**	0.882**	0.861**	0.864**	0.848**
蔗糖酶	0.863**	0.866**	0.829**	0.834**	0.806**

（二）土壤氮素与酶活性的相关性分析

相关分析结果表明（表9-8），总体上研究区土壤TN、AN、NH_4^+-N、NO_3^--N、TAHN、NAHN、ASAN、AAN、ASN、HUN和MBN与土壤蛋白酶、脲酶、硝酸还原酶、精氨酸脱氨酶和蔗糖酶均呈极显著正相关关系（$P<0.01$）。TN与5

种酶的相关系数分别为 0.806 **、0.831 **、0.822 **、0.839 ** 和 0.848 **，AN 与 5 种酶的相关系数分别为 0.889 **、0.940 **、0.939 **、0.942 ** 和 0.730 **，NH_4^+-N 与 5 种酶的相关系数分别为 0.853 **、0.868 **、0.849 **、0.876 ** 和 0.768 **，NO_3^--N 与 5 种酶的相关系数分别为 0.832 **、0.865 **、0.857 **、0.872 ** 和 0.827 **，TAHN 与 5 种酶的相关系数分别为 0.758 **、0.784 **、0.772 **、0.739 ** 和 0.880 **，NAHN 与 5 种酶的相关系数分别为 0.895 **、0.911 **、0.917 **、0.914 ** 和 0.581 *，ASAN 与 5 种酶的相关系数分别为 0.756 **、0.791 **、0.783 **、0.798 ** 和 0.871 **，AAN 与 5 种酶的相关系数分别为 0.747 **、0.787 **、0.781 **、0.795 ** 和 0.870 **，ASN 与 5 种酶的相关系数分别为 0.746 **、0.787 **、0.781 **、0.795 ** 和 0.870 **，HUN 与 5 种酶的相关系数分别为 0.790 **、0.801 **、0.782 **、0.813 ** 和 0.857 **，MBN 与 5 种酶的相关系数分别为 0.808 **、0.854 **、0.849 **、0.859 ** 和 0.796 **。说明在草地沙化过程中，TN、AN、NH_4^+-N、NO_3^--N、TAHN、NAHN、ASAN、AAN、ASN、HUN 和 MBN 对土壤细菌、真菌和放线菌具有显著影响。

表 9-8　土壤氮素与酶活性的相关关系

项目	TN	AN	NH_4^+-N	NO_3^--N	TAHN	NAHN	ASAN	AAN	ASN	HUN	MBN
蛋白酶	0.806 **	0.889 **	0.853 **	0.832 **	0.758 **	0.895 **	0.756 **	0.747 **	0.746 **	0.790 **	0.808 **
脲酶	0.831 **	0.940 **	0.868 **	0.865 **	0.784 **	0.911 **	0.791 **	0.765 **	0.787 **	0.801 **	0.854 **
硝酸还原酶	0.822 **	0.939 **	0.849 **	0.857 **	0.772 **	0.917 **	0.783 **	0.751 **	0.781 **	0.782 **	0.849 **
精氨酸脱氨酶	0.839 **	0.942 **	0.876 **	0.872 **	0.793 **	0.914 **	0.798 **	0.775 **	0.795 **	0.813 **	0.859 **
蔗糖酶	0.848 **	0.730 **	0.768 **	0.827 **	0.880 **	0.581 *	0.871 **	0.890 **	0.870 **	0.857 **	0.796 **

第三节　讨论与结论

一、沙化草地土壤有机碳与氮素的内在联系

（一）土壤有机碳与氮素损失程度的对比分析

土壤有机碳和土壤氮素是维系植被生长最重要的两种养分，是衡量土壤肥力及健康程度的重要指标。Zhou 等在对科尔沁沙地土壤碳素和氮素随草地沙化进

程的变化规律的研究中指出,草地沙化导致 SOC 降低的幅度高于 TN,这可能与气候有关。科尔沁沙地属半干旱地区,年降水量低于 400 mm,但年均蒸发量却高达 1 935 mm,不利于植物生长,而川西高寒草原年降水较丰富,接近 800 mm。而当水分含量增加,将对植物的光合生理、形态结构等各方面产生影响。王云龙等研究表明,当田间持水量为 25%～80%时,随着干旱程度的增加,羊草的总生物量及根、鞘、叶生物量均呈下降趋势,这表明对于相同程度沙化的草地,川西北高寒草原的地表生物量可能高于科尔沁草原,说明了相同沙化程度的草地,川西北高寒草原草地 SOC 源多于科尔沁草原。另外,张益望等研究表明,补充灌溉能够促进地上部氮素吸收,这表明相同程度沙化的草地,川西北高寒草原地表植物对土壤氮素的利用效率比科尔沁草原地表植被对土壤氮素的利用效率更高,草地沙化过程中土壤氮素下降速度更快。

(二) 草地沙化过程中土壤 C/N 特征

土壤碳氮比通常被认为是土壤氮素矿化能力的标志,能够反映陆地生态系统中土壤微生物的群落结构特征。若土壤中碳氮比较低,则土壤氮素矿化能力强,土壤中有效氮含量较高,但是,C/N 比若较高,则会出现微生物在分解有机质的过程中因氮素受限,与植物竞争土壤中的无机氮,不利于植物的生长及净初级生产力 (NPP) 的增加,这一方面加速了土壤中氮素的消耗,另一方面也减少了 SOC 源。研究结果与刘颖茹等对我国北方草原沙漠化过程中土壤碳氮变化规律的研究结果一致。从土层剖面来看,0～20 cm、20～40 cm、40～60 cm、60～80 cm 和 80～100 cm 随草地沙化进程,土壤 C/N 总体上均呈现出与 0～100 cm 土层土壤 C/N 均值相同的变化特征。仅 0～20 cm 土层极重度沙化阶段和 20～40 cm 土层未沙化阶段土壤 C/N 值不同于 0～100 cm 土层土壤 C/N 均值变化趋势。这也说明草地沙化进程中土壤有效氮含量逐渐降低与土壤 C/N 状况密切相关。

(三) 土壤有机碳与氮素的相关性

川西北高寒草原不同程度沙化草地 SOC、DOC、ROC、MBC 及与 TN、AN、NH_4^+-N、NO_3^-N、MBN、THAN、ASAN、AAN、ASN 之间均存在极显著正相关($P<0.01$)。这表明川西北高寒草原草地沙化过程中,SOC 的损失加速了土壤碳素的流失,与此同时,土壤氮素含量的减少,也会导致地表植被净初级生产力(NPP)降低,从而引起有机碳减少。

二、沙化草地土壤有机碳和氮素与地表植被群落的内在联系

(一) 土壤有机碳地表植被群落的内在联系

地表植被覆盖状况是研究区 SOC 和氮素损失的另一个重要因素。未沙化阶段和轻度沙化阶段植被群落盖度高，SOC 含量也高。随着沙化严重程度加剧，地表植被群落盖度逐渐降低，SOC 含量则呈现出逐渐减少的变化趋势。相关分析结果表明，SOC 与地表群落盖度均呈现极显著正相关特征，这与 Zhou R L 等研究一致。这一方面是由于在以风蚀为驱动的沙化草地生态系统中，地表植被对土壤具有保护作用，能够降低土壤受风蚀的影响；另一方面，在无其他因素干扰下，地表植被群落盖度高，表明地表植被覆盖状况较好，进入土壤中的有机质就越多，其土壤 SOC 含量就越高。说明草地沙化过程中地表植被状况逐渐恶化也是导致土壤 SOC 损失的重要原因之一。因此，通过种植研究区沙化草地适生植物来提高沙化草地地表植被状况是提高沙化草地土壤 SOC 含量和治理沙化草地的有效途径。

在草地沙化进程中，0~20 cm 土层 SOC 减少数量及降低幅度均最为明显，这一方面是由于表层土壤 SOC 与地表植被覆盖状况的相关性强于下层土壤，在过度放牧等不合理的人为生产活动影响下，地表植被盖度逐渐降低，直接减少了进入表层土壤的 SOC 数量，同时也降低了对表层 SOC 的保护作用，从而导致沙化过程中 0~20 cm 土层 SOC 数量急剧下降；另一方面与以风蚀为主要特征的土地沙化能够去除表层富含养分的土壤颗粒。因此，通过设置生态沙障或物理沙障等措施来降低风蚀对沙化草地的吹蚀作用，对于研究区沙化草地的生态恢复和治理尤为关键。

(二) 土壤氮素与地表植被群落的内在联系

研究区土壤氮素损失还与地表植被群落盖度密切相关，相关分析表明，土壤 TN、AN、NH_4^+-N、NO_3^--N 和 MBN 与群落盖度均呈现极显著正相关特征。随着沙化严重程度加剧，地表植被群落盖度逐渐降低，土壤 TN、AN、NH_4^+-N、NO_3^--N 和 MBN 含量均呈逐渐减少的变化趋势。这与 Zhou R L 等研究一致。这一方面是由于在以风蚀为驱动的沙化草地生态系统中，地表植被对土壤具有保护作用，能够降低土壤受风蚀的影响。另一方面，在无其他因素干扰下，地表植被群落盖度也高，进入土壤中的有机质就越多，其土壤氮素含量就越高。说明草地沙化过程中地表植被状况逐渐恶化也是导致土壤氮素损失的重要原因之一。因此，

通过种植研究区沙化草地适生植物来提高沙化草地地表植被状况是提高沙化草地土壤氮素含量和治理沙化草地的有效途径。

三、沙化草地土壤有机碳和氮素与土壤物理性质的内在联系

（一）土壤有机碳和氮素与土壤颗粒组成的内在联系

以风蚀驱动的土地沙化能导致土壤细颗粒损失，使土壤质地变得更加沙质化。川西北高寒草原草地沙化进程中，土壤粉粒和黏粒含量大幅减少，相较于未沙化地，极重度沙化草地粉粒和黏粒含量分别降低了 78.43% 和 60.59%，相关分析表明，SOC 与土壤沙粒均呈极显著负相关，而与土壤粉粒和黏粒均呈极显著正相关。这表明研究区草地沙化过程中 SOC 大量损失与风蚀选择性吹蚀粉粒和黏粒密切相关。

苏永中等和赵哈林等研究指出，与黏粉粒、极细沙结合的全氮含量远高于粗砂组分全氮含量。本研究相关分析表明，土壤 TN、AN、NH_4^+-N、NO_3^--N 和 MBN 与土壤粉粒和黏粒均呈极显著正相关关系（$P<0.01$），草地沙化过程中，土壤粉粒和黏粒含量大幅减少，分别降低了 82.96% 和 65.73%。这表明研究区草地沙化过程中，风蚀选择性吹蚀粉粒和黏粒是引起土壤氮素损失的重要原因。这与 Spain 等结论一致。表层 0~20 cm 土层土壤氮素损失最为明显，这与以风蚀为主要特征的土地沙化能够去除表层富含养分的土壤有关。因此，通过设置生态沙障或物理沙障等措施来降低风蚀对沙化草地的吹蚀作用，对于研究区沙化草地的生态恢复和治理尤为关键。

（二）土壤有机碳和氮素与土壤温度、含水量的内在联系

土壤活性有机碳稳定性差、生物活性高，占总有机碳的比例少，对温度和水分变化的响应敏感。相关分析结果表明，研究区 SOC、DOC、ROC 和 MBC 与土壤含水量和土壤温度均呈极显著正相关关系，这表明草地沙化过程中，土壤含水量和土壤温度对 SOC、DOC、ROC 和 MBC 具有显著影响，这与钟泽坤和王兴等的研究结果相似。这可能是因为一方面，温度升高和水分增加可以刺激植物生长，提高植被初级生产力从而增加土壤有机碳及其组分的含量；另一方面，针对沙化草地而言土壤温度和水分的升高促进了土壤呼吸速率加快，加速了有机碳的矿化和碳的有效性。同时，微生物活性的增加会促进微生物分泌胞外酶的能力，进而促进了有机碳的转化。

土壤温度和水分作为影响土壤氮素循环的重要环境因子，能够影响土壤氮矿

化作用，改变土壤净硝化、净氮矿化速率等。相关分析结果表明，研究区土壤 TN、AN、NH_4^+-N、NO_3^--N、TAHN、NAHN、ASAN、AAN、ASN、HUN 和 MBN 与土壤含水量和土壤温度均呈极显著正相关关系，说明川西北草地沙化过程中，土壤氮素对环境因素（土壤温度和水分）变得极其敏感。马秀艳等研究表明土壤温度和水分变化会改变土壤氮循环相关微生物结构和组成、活性及其好氧厌氧状态，进而会影响到氮素之间的转化。宋良翠等研究表明：土壤水分含量与其他土壤理化性质共同作用，可显著改变土壤的孔隙度及孔隙分布，从而影响氧气在土壤中的流通，进而影响微生物的活性，从而影响土壤氮素循环。

四、土壤有机碳和氮素与微生物、酶活性的内在联系

土壤有机碳和氮素是土壤的重要肥力指标，其对微生物活动以及植被生长有重要影响。土壤有机碳和氮素含量的多少在一定水平上限制着土壤微生物活性。土壤微生物作为土壤的重要组成部分，是土壤物质循环及能量流动的主要推动者，同时也对土壤腐殖质的形成与分解有着重要影响。相关分析结果表明，研究区土壤有机碳和氮素均与土壤细菌、真菌和放线菌呈极显著正相关关系。这是因为土壤有机碳作为微生物呼吸底物的重要来源，会参与土壤微生物呼吸，其含量的提高会显著提高微生物活性。同时，由于土壤碳素和氮素存在耦合关系，氮素的增加会使土壤中积累的有机碳增加，从而影响微生物群落特征。因此，研究区土壤有机碳和氮素与微生物密切相关。

土壤转化酶作为土壤微生物分解养分过程的重要参与者，其活性与土壤理化性质和环境条件密切相关，在土壤碳氮循环中具有重要作用。与微生物的关系相似，土壤有机碳及氮素均与土壤蛋白酶、脲酶、硝酸还原酶、精氨酸脱氨酶和蔗糖酶呈极显著正相关关系，可见，土壤酶活性的增强与其矿质养分含量的提高有着紧密联系。

参考文献

董凯凯，王惠，杨丽原，等，2011.人工恢复黄河三角洲湿地土壤碳氮含量变化特征 [J].生态学报，31（16）：4 778-4 782.

梁爱华，韩新辉，张扬，等，2013.纸坊沟流域退化土壤碳氮关系对植被恢复的时空响应 [J].草地学报，21（5）：842-849.

刘美英，高永，汪季，等，2013.矿区复垦地土壤碳氮含量变化特征 [J].水

土保持研究, 20 (1)：94-97.

刘颖茹, 杨持, 朱志梅, 等, 2004.我国北方草原沙漠化过程中土壤碳, 氮变化规律研究 [J]. 应用生态学报, 15 (9)：1 604-1 606.

牛赟, 刘贤德, 赵维俊, 2014.祁连山青海云杉 (*Picea crassifolia*) 林浅层土壤碳, 氮含量特征及其相互关系 [J]. 中国沙漠, 34 (2)：371-377.

宋良翠, 马维伟, 李广, 等, 2021.温度变化对尕海湿地不同退化梯度土壤氮矿化的影响 [J]. 草业学报, 30 (9)：27-37.

宋娜, 2014.贝加尔针茅草甸草原土壤放线菌群落结构和遗传多样性对增氮增雨的响应 [D]. 长春：东北师范大学.

苏永中, 赵哈林, 2003.农田沙漠化过程中土壤有机碳和氮的衰减及其机理研究 [J]. 中国农业科学, 36 (8)：928-934.

苏永中, 赵哈林, 张铜会, 等, 2002.科尔沁沙地旱作农田土壤退化的过程和特征 [J]. 水土保持学报, 16 (1)：25-28.

唐国勇, 苏以荣, 肖和艾, 等, 2007.湘北红壤丘岗稻田土壤有机碳、养分及微生物生物量空间变异 [J]. 植物营养与肥料学报, 13 (1)：15-21.

万婷, 涂卫国, 席欢, 等, 2013.川西北不同程度沙化草地植被和土壤特征研究 [J]. 草地学报, 21 (4)：650-657.

王建林, 钟志明, 王忠红, 等, 2014.青藏高原高寒草原生态系统土壤碳氮比的分布特征 [J]. 生态学报, 34 (22)：6 678-6 691.

王米兰, 胡荣桂, 2014.湖北省几种农业土壤中酚含量及其与碳氮的关系 [J]. 农业环境科学学报, 33 (4)：702-707.

王兴, 2021.模拟增温增雨对黄土丘陵区撂荒草地土壤碳组分和呼吸的影响 [D]. 杨凌：西北农林科技大学.

王艳, 杨剑虹, 潘洁, 等, 2009.川西北草原退化沙化土壤剖面特征分析 [J]. 水土保持通报, 29 (1)：92-95.

王云龙, 许振柱, 周广胜, 2004.水分胁迫对羊草光合产物分配及其气体交换特征的影响 [J]. 植物生态学报, 28 (6)：803-809.

肖玉, 谢高地, 安凯, 2003.青藏高原生态系统土壤保持功能及其价值 [J]. 生态学报, 23 (11)：2 367-2 378.

张芮嘉, 龙建, 蒋伟, 等, 2012.若尔盖地区草地沙化特征研究 [J]. 草原与草坪, 32 (4)：39-43.

赵玉红，魏学红，苗彦军，等，2012.藏北高寒草甸不同退化阶段植物群落特征及其繁殖分配研究 [J]. 草地学报，20 (2)：221-228.

钟泽坤，2021.增温和降雨改变对黄土丘陵区撂荒草地土壤碳循环关键过程的影响 [D]. 杨凌：西北农林科技大学.

AL-KAISI M M, YIN X, LICHT M A, 2005.Soil carbon and nitrogen changes as affected by tillage system and crop biomass in a corn-soybean rotation [J]. Applied Soil Ecology, 30 (3)：174-191.

CAIRNS J, 2000.Setting ecological restoration goals for technical feasibility and scientific validity [J]. Ecological Engineering, 15 (3)：171-180.

FRANZLUEBBERS A, STUEDEMANN J, SCHOMBERG H, et al., 2000.Soil organic C and N pools under long-term pasture management in the Southern Piedmont USA [J]. Soil Biology and Biochemistry, 32 (4)：469-478.

H GBERG M N, H GBERG P, MYROLD D D, 2007.Is microbial community composition in boreal forest soils determined by pH, C-to-N ratio, the trees, or all three [J]. Oecologia, 150 (4)：590-601.

HENNESSY J, KIES B, GIBBENS R, et al., 1986.Soil sorting by forty-five years of wind erosion on a southern new Mexico range [J]. Soil Science Society of America Journal, 50 (2)：391-394.

LARNEY F J, BULROCK M S, JANZEN H H, et al., 1998.Wind erosion effects on nutrient redistribution and soil productivity [J]. Journal of Soil and Water Conservation, 53 (2)：133-140.

PORTNOV B, SAFRIEL U, 2004. Combating desertification in the negev：dryland agriculture vs.dryland urbanization [J]. Journal of Arid Environments, 56 (4)：659-680.

VARGAS D N, BERTILLER M B, ARES J O, et al., 2006.Soil C and n dynamics induced by leaf-litter decomposition of shrubs and perennial grasses of the Patagonian Monte [J]. Soil Biology and Biochemistry, 38 (8)：2 401-2 410.

WEZEL A, RAJOT J L, HERBRIG C, 2000.Influence of shrubs on soil characteristics and their function in Sahelian agro-ecosystems in semi-arid niger [J]. Journal of Arid Environments, 44 (4)：383-398.

ZHANG L X, BAI Y F, HAN X G, 2003. Application of N：P stoichiometry to ecology studies ［J］. Acta Botanica Sinica, 45 (9)：1 009-1 018.

ZHOU R L, LI Y Q, ZHAO H L, et al., 2008. Desertification effects on C and N content of sandy soils under grassland in Horqin, northern China ［J］. Geoderma, 145 (3)：370-375.